建筑工程施工项目风险管理

李志兴　著

北京工业大学出版社

图书在版编目（CIP）数据

建筑工程施工项目风险管理 / 李志兴著 . — 北京：
北京工业大学出版社，2024.1重印

ISBN 978-7-5639-6360-7

Ⅰ．①建… Ⅱ．①李… Ⅲ．①建筑施工－工程项目管理－风险管理 Ⅳ．① TU712

中国版本图书馆 CIP 数据核字（2018）第 158611 号

建筑工程施工项目风险管理

著　　者：李志兴

责任编辑：刘　风

封面设计：点墨轩阁

出版发行：北京工业大学出版社

　　　　　（北京市朝阳区平乐园 100 号　邮编：100124）

　　　　　010-67391722（传真）　　bgdcbs@sina.com

经销单位：全国各地新华书店

承印单位：三河市元兴印务有限公司

开　　本：787 毫米 ×960 毫米　1/16

印　　张：10.75

字　　数：195 千字

版　　次：2021 年 10 月第 1 版

印　　次：2024 年 1 月第 3 次印刷

标准书号：ISBN 978-7-5639-6360-7

定　　价：35.00 元

前　言

　　随着社会经济的不断发展，我国的社会主义建设事业持续发展，各类建筑工程施工项目开展得如火如荼，建筑工程行业也变得越来越成熟。建筑工程在施工的过程中，存在着一定的风险。同时，随着社会的发展，人们对于建筑工程施工的要求也越来也高，对建筑工程施工中存在的风险的重视程度也越来越高。因为一旦发生风险，就会对建筑工程造成一定的破坏，甚至还会造成重大财产损失、人身伤亡等。虽然人们希望完全消除建筑工程施工中的风险，但由于风险是客观存在的，因此，只能最大限度地降低建筑工程施工中的风险。项目管理人要实现对建筑工程施工的风险控制，必须重视对建筑工程施工过程的风险管理。

　　建筑工程施工项目的风险，隐藏在建筑工程施工的全过程，因此必须对建筑工程施工进行全面、系统的风险管理。对建筑工程施工项目进行风险管理，首先要了解建筑工程施工项目风险的影响因素。根据风险的定义和特征，建筑工程施工项目风险有多种影响因素，根据不同的因素，建筑工程施工项目风险也有不同的分类。一般来说，建筑工程施工项目的风险可以分为内部风险和外部风险。内部风险包括业主风险、承包商风险、设计方风险、监理方风险。外部风险包括政治风险、自然风险、经济风险。

　　建筑工程施工项目风险的影响因素主要有人、技术、环境等。建筑工程施工项目的风险管理是一个系统的过程，具体来说包括风险规划、风险识别、风险分析与评估、风险应对、风险监控等。本书在对各个过程及相关管理、技术进行研究的基础上，还对风险管理的体系建设进行了研究。

　　在建筑工程施工项目的风险管理过程中，工程保险是预防和分担风险的一种有效方式，但是我国的工程保险还有待完善，因此，本书也对建筑工程施工项目中有关建筑保险的内容进行了研究。建筑工程项目的施工需要签订相应的合同，建筑工程施工合同的签订存在着一定的法律风险，这也成为建筑工程施工项目中的潜在风险。由于我国建筑工程行业的相关人员法律意识与法律知识不足，因此在建筑工程施工项目中，需要重视对合同的法律风险管理。随着工程施工的不断发展，施工人员需要在各种环境中开展建筑工程项目施工，因此，本书对隧道、基坑、地下工程施工的风险管理进行了针对性研究。

随着社会的不断发展，人们对于建筑工程施工中的人身安全和环境保护越来越重视。在建筑工程施工过程中，施工环境存在各种危险源，如机械设备的危险。如果不进行风险管理，很可能对施工人员造成伤害，给施工带来严重的损失。建筑工程在施工过程中，会对周边环境造成一定的破坏，随着环保意识和可持续观念的增强，人们对建筑工程施工中的环境管理提出了越来越高的要求，只有提高环境管理水平，才能够促进建筑工程施工的发展，同时也才能符合社会发展需求。

作者在撰写本书的过程中参阅了大量建筑工程施工项目风险管理的相关资料，在此对引用资料的作者表示衷心的感谢。

由于作者水平有限，加之时间仓促，书中难免有疏漏，恳请同行专家和读者批评指正。

作　者

2018 年 6 月

目 录

第一章　建筑工程施工项目风险管理概述 ……………………………… 1

　　第一节　风险管理的理论概述 ………………………………………… 1

　　第二节　建筑工程施工项目及其风险 ………………………………… 7

　　第三节　建筑工程施工项目的风险管理 ……………………………… 12

第二章　建筑工程施工项目风险管理的过程 ……………………………… 15

　　第一节　建筑工程施工项目的风险规划 ……………………………… 15

　　第二节　建筑工程施工项目的风险识别 ……………………………… 19

　　第三节　建筑工程施工项目的风险分析与评估 ……………………… 26

　　第四节　建筑工程施工项目的风险应对 ……………………………… 29

　　第五节　建筑工程施工项目的风险监控 ……………………………… 40

第三章　建筑工程施工项目风险评价技术 ………………………………… 46

　　第一节　建筑工程施工项目风险评价的理论研究 …………………… 46

　　第二节　建筑工程施工项目风险评价的指标 ………………………… 49

　　第三节　建筑工程施工项目风险评价的方法 ………………………… 52

第四章　建筑工程施工项目风险管理的体系建设 ………………………… 59

　　第一节　建筑工程施工项目风险管理的体系构建 …………………… 59

　　第二节　建筑工程施工项目风险管理的流程与文件管理 …………… 63

　　第三节　建筑工程施工项目风险管理的体系信息化建设 …………… 64

第五章　建筑工程施工项目的保险管理 …………………………………… 74

　　第一节　工程保险概述 ………………………………………………… 74

　　第二节　建筑工程一切险 ……………………………………………… 82

　　第三节　安装工程一切险 ……………………………………………… 97

第六章　建筑工程施工项目的合同风险管理 ……………………………… 104

　　第一节　建筑工程施工合同中存在的法律风险 ……………………… 104

第二节　建筑工程施工合同风险管理的应对 ·············· 110

第三节　建筑工程施工合同风险管理体系建设 ·············· 115

第七章　建筑工程施工项目不同类型施工的风险管理 ········· 122

第一节　隧道工程施工的风险管理 ······················ 122

第二节　基坑工程施工的风险管理 ······················ 126

第三节　地下工程施工的风险管理 ······················ 132

第八章　建筑工程施工项目的安全与环境风险管理 ········· 139

第一节　建筑工程施工项目安全管理的理论研究 ·············· 139

第二节　建筑工程施工项目危险源的识别与风险管理 ·········· 144

第三节　建筑工程施工项目设备的风险分析、识别与应对 ········ 151

第四节　建筑工程施工项目的环境风险及其应对 ·············· 155

参考文献 ·· 163

第一章 建筑工程施工项目风险管理概述

风险是现实社会中客观存在的一种现象，在建筑工程施工项目中也同样存在。只有开展相应的风险管理，才能够对建筑工程施工项目中潜在的风险进行控制，保证建筑工程施工项目顺利完成。因此，需要对风险及风险管理的相关理论进行研究，了解建筑工程施工项目风险管理的重要性，完善建筑工程施工项目风险关联的理论基础。

第一节 风险管理的理论概述

一、风险的相关理论概述

（一）风险的定义

一般而言，在人们的认识中，风险总是与不幸、损失联系在一起的。尽管如此，有些人在采取行动时，即使已经知道可能会有不好的结果，但仍要选择这一行动，主要是因为其中还存在着他们认为值得去冒险的、好的结果。

为了深入了解和研究风险及风险现象，更好地防范风险、减轻危害，做出正确的风险决策，首要任务就是给出风险的确切定义。

目前，关于风险的定义尚没有较为统一的认识。最早的定义是 1901 年美国的威雷特在他的博士论文《风险与保险的经济理论》中给出的"风险是关于不愿发生的事件发生的不确定性之客观体现"，该定义强调两点：一是风险是客观存在的，是不以人的意志为转移的；二是风险的本质是不确定性。奈特则从概率角度，对风险下了定义，认为"风险（Risk）"是客观概率已知的事件，而"客观概率"未知的事件叫作"不确定（Uncertainty）"。但在实际中，人们往往将"风险"和"不确定"混为一谈。此后，许多学者根据自己的研究目的和研究领域，对风险提出了不同的定义。如美国学者威廉姆斯和汉斯将风险定义为"风险是在给定条件下和特定时间内，那些可能发生结果的差异"，该定义强调风险是预期结果与实际结果的差异或偏离，这种差异或偏离越大则风险就越大。以上定义代表了人们对风险的两种典型认识。我国风险管理学界主流的风险定义结合了这两种认识，既强调了不确定性，又强调了不确定性带来的损害。

本书将风险定义为：风险是主体在决策活动过程中，由于客观事件的不确定性引起的，可被主体感知的与期望目标或利益的偏离。这种偏离有大小、程度以及正负之分，即风险的可能性、后果的严重程度、损失或收益。

从以上风险定义不难看出，风险与不确定性有着密切的关系。严格来说，风险和不确定性是有区别的。风险是可测定的不确定性，是指事前可以知道所有可能的后果以及每种后果的概率。而不可测定的不确定性才是真正意义上的不确定性，是事前不知道所有可能后果，或者虽知道可能后果但不知道它们出现的概率。但是，在面对实际问题时，两者很难区分，并且区分不确定性和风险几乎没有实际的意义，因为实际中对事件发生的概率是不可能真正确定的。而且，由于萨维奇"主观概率"的引入，那些不易通过频率统计进行概率估计的不确定事件，也可采用服从某个主观概率方法表述，即利用分析者经验及直感等主观判定方法，给出不确定事件的概率分布。因此，在实务领域对风险和不确定性不做区分，都视为"风险"，而且概率分析方法成为最重要的手段。

（二）风险的特征

风险的特征是风险的本质及其发生规律的表现，根据风险定义可以得出如下风险特征。

（1）客观性与主观性。一方面，风险是由事物本身客观性质具有的不确定性引起的，具有客观性；另一方面，风险必须被面对它的主体所感知，具有一定的主观性。因为，客观上由事物性质决定而存在着不确定性引起的风险，只要面对它的主体没有感知到，那也不能称其为对主体而言的风险，只能是一种作为客观存在的风险。

（2）双重性。风险损失与收益是相辅相成的。也就是说，决策者之所以愿意承担风险，是因为风险有时不仅不会产生损失，如果管理有效，风险可以转化为收益。风险越大，收益可能就会越多。从投资的角度看，正是因为风险具有双重性，才促使投资者进行风险投资。

（3）相对性。主体的地位和拥有资源的不同，对风险的态度和能够承担的风险就会有差异，拥有的资源越多，所承担风险的能力就越大。另外，相对于不同的主体，风险的含义就会大相径庭，例如汇率风险，对有国际贸易业务的企业和纯粹国内业务的企业而言是有很大差别的。

（4）潜在性和可变性。风险的客观存在并不是说风险是实时发生的，它的不确定性决定了它的发生仅是一种可能，这种可能变成实际还是有条件的，这就是风险的潜在性。随着项目或活动的展开，原有风险结构会改变，风险后果会变化，新的风险会出现，这是风险的可变性。

（5）不确定性和可测性。不确定性是风险的本质，形成风险的核心要素就是决策后果的不确定性。这种不确定性并不是指对事物的变化全然不知，人们可以根据统计资料或主观判断对风险发生的概率及其造成的损失程度进行分析，风险的这种可测性是风险分析的理论基础。

（6）隶属性。所谓风险的隶属性，是指所有风险都有其明确的行为主体，而且还必须与某一目标明确的行动有关。也就是说，所有风险都包含在行为人所采取的行动过程中。

（三）风险的因素与分类

1. 风险的因素

导致风险事故发生的潜在原因，也就是造成损失的内在原因或者间接原因就是风险因素。它是指引起或者增加损失频率和损失程度的条件。一般情况下风险因素可以分为以下三个。

（1）实质风险因素，指对某一标的物增加风险发生机会或者导致严重损伤和伤亡的客观自然原因，强调的是标的物的客观存在性，不以人的意志为转移。比如，大雾天气是引起交通事故的风险因素，地面断层是导致地震的风险因素。

（2）心理风险因素，指由于心理的原因引起行为上的疏忽和过失，从而成为风险的发生原因，此风险因素强调的是疏忽、大意，以及过失。比如，某些工厂随意倾倒污水导致水污染。

（3）道德风险因素，指人们的故意行为或者不作为。这种风险因素主要强调的是一种故意的行为。比如，故意不履行合约引起经济损失。

2. 风险的分类

风险的分类有多种方法，比较常用的有以下几种。

（1）按照风险的性质可将风险划分为纯粹风险和投机风险。只有损失可能而没有获利可能的风险是纯粹风险；既有损失可能也有获利可能的风险为投机风险。

（2）按照产生风险的环境可将风险划分为静态风险和动态风险。静态风险是指自然力的不规则变动或人们的过失行为导致的风险；动态风险则是指社会、经济、科技或政治变动产生的风险。

（3）按照风险发生的原因可将风险划分为自然风险、社会风险和经济风险等。自然风险指由自然因素和物理现象所造成的风险；社会风险是指个人或团体在社会上的行为导致的风险；经济风险是指在经济活动过程中，因市场因素影响或者管理经营不善导致经济损失的风险。

（4）按照风险致损的对象可将风险划分为财产风险、人身风险和责任风险。各种财产损毁、灭失或者贬值的风险是财产风险；个人的疾病、意外伤害等造成残疾、死亡的风险为人身风险；法律或者有关合同规定，因行为人的行为或不作为导致他人财产损失或人身伤亡的，行为人所负经济赔偿责任的风险即为责任风险。

二、风险管理的相关理论概述

（一）风险管理的发展历史

人类历史上对风险问题的研究可以追溯到公元前916年的共同海损制度以及公元前400年的船货押贷制度。18世纪，法国管理学家亨瑞·法约尔在《一般管理和工业管理》一书中才正式把风险管理思想引进企业经营管理，但长期以来没有形成完整的体系和制度。1930年，美国宾夕法尼亚大学所罗门·许布纳博士在美国管理学会发起的一次保险问题会议上首次提出风险管理这一概念，其后风险管理迅速发展成为一门涵盖面甚广的管理科学，尤其是从20世纪六七十年代至今，风险管理已几乎涉及经济和金融的各个领域。

20世纪70年代以来，西方发达国家对风险管理的研究已有很大发展，基本上形成了一个体系较完整的新学科和独立的研究领域，各国几乎都建立了独自的风险研究机构。1975年，美国成立了风险与保险管理协会（RIMS）。在1983年的RIMS年会上，世界各国专家学者共同讨论并通过了"101条风险管理准则"，其中包括风险识别与衡量、风险控制、风险财务处理、索赔管理、国际风险管理等，此准则被作为各国风险管理的一般准则。2004年，美国的项目管理协会（PMI）对原有的项目管理知识体系（PMBOK）进行了修订，颁布了新的项目管理知识体系2004版，风险管理作为其中的九大知识领域之一，为项目的成功运作提供重要保障。在欧洲，日内瓦协会（又名保险经济学国际协会）协助建立了"欧洲风险和保险经济学家团体"，该学术团体致力于研究有关风险管理和保险的学术问题，其会员都是英国和其他欧洲国家大学的教授。受发达国家风险研究的影响，发展中国家风险管理的发展也极为迅速。1987年，为推动风险管理在发展中国家的推广和普及，联合国出版了《发展中国家风险管理的推进》研究报告。

　　近几十年，风险管理的系统理论和方法在建设工程施工项目上得到了广泛应用，对项目各项建设目标的顺利实现发挥了重要作用。特别是在近十多年来，建设项目在规模、技术复杂性、资金的投入和资源的消耗等方面不断增加，使项目面临的风险越来越多，风险管理在项目管理中所发挥的作用越来越大。我国的风险管理研究起步比较晚，新中国成立后，我国实行的是计划经济体制，对项目的风险性认识不足，项目风险所产生的损失都由政府承担，投资效益差，盲目投资、重复建设的现象非常严重。在改革开放实行了市场经济体制后，我国才渐渐认识到风险管理的重要性，并清楚地发现计划经济下投资体制的种种弊端是风险缺乏约束机制的重要根源，实行了"谁投资、谁决策、谁承担责任和风险"的原则。许多对经济和社会发展具有重要影响的大型工程项目，如京九铁路、三峡工程、黄河小浪底工程等，都开展了风险管理方面的应用研究，并且取得了非常明显的效果和一定的效益。可以预见，随着我国经济建设速度的不断加快、国际化进程的不断深化和改革开放的进一步深入，风险管理的理论和实践必将在我国跃上一个新的台阶。

（二）风险管理的定义

　　风险管理作为一门新的管理科学，既涉及一些数理观念，又涉及大量非数理的艺术观念，不同学者从不同的研究角度提出了很多种不同的定义。风险管理的一般定义如下：风险管理是一种应对纯粹风险的科学方法，它通过预测可能的损失，设计并实施一些流程去最小化这些损失发生的可能；而对确实发生的损失，最小化这些损失的经济影响。风险管理作为降低纯粹风险的一系列程序，涉及对企业风险管理目标的确定、风险的识别与评价、风险管理方法的选择、风险管理工作的实施，以及对风险管理计划持续不断地检查和修正这一过程。在科技、经济、社会需要协调发展的今天，不仅存在纯粹风险，还存在投机风险，因此，风险管理是风险发生之前的风险防范和风险发生后的风险处置，其中包含四种含义：①风险管理的对象是风险损失和收益；②风险管理是通过风险识别、衡量和分析的手段，以采取合理的风险控制和转移措施；③风险管理的目的是在获取最大的安全保障的基础上寻求企业的发展；④安全保障要力求以最小的成本来换取。简而言之，风险管理是指对组织运营中要面临的内部、外部可能危害组织利益的不确定性，采取相应的方法进行预测和分析，并制定、执行相应的控制措施，以获得组织利润最大化的过程。

　　风险管理的目标应该是在损失发生之前保证经济利润的实现，而在损失发生之后能有较理想的措施使之最大可能地复原。换句话说，就是损失是不可避免，而风险就是这种损失的不确定性。因此应该采取一些科学的方法和手段将这种不确定的损失尽量转化为确定的、我们所能接受的损失。风险管理有如下特征：①风险管理是融合了各类学科的管理方法，它是整合性的管理方法和过程；②风险管理是全方位的，它的管理面向风险工程、风险财务和风险人文；③风险管理的管理方法多种多样，不同的管理思维对风险的不同解读可以产生不同的管理方法；④风险管理的适应范围广，适用任何的决策位阶。

（三）风险管理的特征

学术界将风险管理的特征归结为以下四点。

（1）风险发生的时间是有期限的。项目分类不同，可能遇到的风险也不同，并且风险只是发生在工程施工项目运营过程中的某一个时期，所以，项目对应的风险承担者同样也一般是在一个特定的阶段才有风险责任。

（2）风险管理处于不断变化中。当一个项目的工作计划、开工时间、最终目标以及所用费用各项内容都已经明确以后，此项目涉及的风险管理规划也必须一同处理完毕。在项目运营的不同环节，倘若项目的开工时间以及费用消耗等条件发生改变时，与其对应的风险同样也要发生改变，因此，必须重新对其进行相关评价。

（3）风险管理要耗费一定的成本。项目风险管理的主要环节有风险分析、风险识别、风险归类、风险评价以及风险控制等，这些环节均是要以一定成本为基础的，并且风险管理的主要目的是缩减或消除未来有可能遇到的不利于或者阻碍项目顺利发展的问题，因此，风险管理的获益只有在未来甚至项目完工后才能够体现。

（4）风险管理的作用是估算与预测。风险管理的作用并不是在项目风险发生之后抱怨或推卸相关责任，而是组建一个相互依托、相互信任、相互帮助的团队通过共同努力来解决项目发展过程遇到的风险问题。

（四）风险管理的目标

风险管理的目标是对项目风险进行预防、规避、处理、控制或是消除，缩减风险对项目的顺利完成造成的不利因素，通过最小化的费用消耗来获得对项目的可靠性问题的保障，确保该项目的顺利高效完成。项目风险管理的系统目标一般有两个，一个是问题产生之前设定的目标，另一个是问题发生以后设定的目标。

风险管理的基本工作是对项目的各环节涉及的相关资料进行分析、调查、探讨甚至数据搜集。其中，需要重点关注的是项目与发生项目的环境之间相互作用的关系，风险发生的主要根源就是项目和环境之间产生的摩擦，进而产生的一系列不确定性。

（五）风险管理的原则

项目风险管理的目标是控制并处理项目风险，防止和减少损失，以保障项目的顺利进行。因此，项目风险管理遵循如下原则。

（1）经济性原则。风险管理人员在制订风险管理计划时应以总成本最低为总目标，即风险管理也要考虑成本，以最合理、最经济的处理方式把损失降到最低，通过尽可能低的成本，达到项目的风险保障目标，这就要求风险管理人员对各种效益和费用进行科学的分析和严格核算。

（2）满意性原则。不管采用什么方法、投入多少资源，项目的不确定性是绝对的，而确定性是相对的。因此，在项目风险管理过程允许存在一定的不确定性，只要能达到要求、满意就行了。

（3）全面性原则。全面性原则就是要用系统的、动态的方法进行风险控制，以减少项目过程中的不确定性，主要表现在项目全过程的风险控制、对全部风险的管理、全方位的管理、全面的组织措施等。

（4）社会性原则。项目风险管理计划和措施必须考虑周围地区及一切与项目有关并受其影响的单位、个人等对该项目风险影响的要求；同时，风险管理还应充分注意有关方面的各种法律、法规，使项目风险管理的每一步骤都具有合法性。

第二节　建筑工程施工项目及其风险

一、建筑工程施工项目的特征

受到工期、成本、质量等条件的约束，建筑工程施工项目在一定的条件下，有以下三个特征。

（一）不可复制

建筑工程施工项目本身具有唯一性，是独立且不可复制存在的，是单件性的，这是工程项目的主要特征。为了保证建筑工程施工项目的顺利进行，就必须结合建筑工程施工项目的特殊性进行针对性管理，而为了实现这一点，就要对建筑工程施工项目的一次性有一个正确的认识。

（二）目标明确

建筑工程施工项目的目标具有明确性。建筑工程施工项目的目标包括两

类，即成果性目标与约束性目标。建筑工程施工项目的功能性要求就是成果性目标，而约束性目标则包括期限、质量、预算等限制条件。

（三）整体性

作为管理对象，建筑工程施工项目具有整体性。单个项目要对很多生产要素进行统一配置，过程中要确保数量、质量和结构的总体优化，并随内外环境变化对其进行动态调整。也就是要在实施过程中必须坚持以项目整体效益提高和有益为原则。

以建筑工程施工项目为对象，以合同、施工工艺、规范为依据，以项目经理为责任人，对相关所有资源进行优化配置，并进行有计划、有控制、有指导、有组织的管理，达到时间、经济、使用效益最大化的整个过程就是建筑工程施工项目管理。通过建筑工程施工项目管理，可以对项目的质量目标、进度目标、安全目标、费用目标进行合理的界定，并通过对资源的优化配置、对合约和费用的组织与协调，最终达到建筑工程施工项目设定的各项目标。

二、建筑工程施工项目存在的风险

（一）内部风险

1. 业主风险

如果是业主方合伙制，则可能因为各个合伙方对项目目标、义务的承担、所有权利等的认识不深刻而导致工程实施缓慢。就算是在实施工程的企业内部，项目管理团队也可能会因为各个管理团队之间缺乏协作而导致无法对工程进行高效的管理。业主风险主要包括以下几种。

（1）建筑工程施工项目可行性研究不准确引起的风险。部分业主对市场和资源缺乏详细的调查研究，甚至缺乏科学的技术领域研究，在建筑工程施工项目分析报告里毫无根据地减少投入资金，过于乐观地评估建筑工程施工项目的效益，导致在建筑工程施工项目实施过程中，由于后期资金投入的匮乏而导致建筑工程施工项目不得不暂时停工或延期，或在工程停止投入后，由于效益不理想，成本无法随时撤回，降低了建筑工程施工项目质量以及收益，进而一定程度上导致国家和政府的亏损。

（2）建筑工程施工项目业主方主体的做法不到位引起的风险。建筑工程施工项目业主方主体的做法不到位反映在如下方面：权利使用不当，任意外包或招标造假；无根据压价；不科学地拆分工程；固定材料来源；施工过程不合理；拖延项目；工期制定不科学等。上述业主的不当行为，不仅使业主承担了相当大的建设质量、人员安全和效益低微的风险，而且一旦被发现，还将受到政府的处罚。

（3）合同风险。所谓的合同风险是指合同作为关系着双方或多方的具有法律效力的文件，因为建筑工程施工项目业主方主体的能力素质的不足，造成了部分合同内容不科学，施工中经常会出现超出预算的现象，导致业主要付出更多的资金作为违约金。现实中经常存在条款含糊其词的情况，为承包商向业主索要赔款提供了便利。

（4）自身组织管理原因引起的风险。例如，业主方主体缺少专业的板块负责人，无法切实掌控建筑工程施工项目的质量和工期，由于相关遗漏而付出的索赔款等。

2. 承包商风险

承包商风险就是在建筑工程施工项目里明确指出的刨除了必须由业主方主体承担的风险，其由承包商承担。在建筑工程施工项目发展的不同时期，承包商主体的风险也是不尽相同的。

（1）投标计划阶段。建筑工程施工项目投标计划阶段的主要内容有：进入市场的必要性，对项目投标的必要性；当确认要进入市场或确定投标之后则要定义投标的性质；对投标的性质进行确定之后还要制定方案设法可以中标。以上活动中存在着相当多的风险，如渠道的风险、保标与买标的风险和报价不合理的风险。承包商风险主要体现在报价的失误上，报价不合理的风险则主要体现在以下几个方面：业主特殊的限定条件风险，建设材料风险，生产风险。

（2）完工验收与交接阶段。对于学识与技术缺乏的建筑工程施工项目承包商主体来说，该时期存在着大量的风险。其中，完工验收是施工单位在工程建设过程中非常重要的环节，之前阶段潜在的问题会在这个阶段全部暴露出来。所以，承包商应详细检验项目实施的所有环节，确保在完工验收环节不会出现纰漏。

3. 设计方风险

在建筑工程施工项目的设计方主体工作时，相关负责人一般都比较重视对消防路线疏散设计、建筑结构体系设计、施工装备保护设计等类型的风险管理，可是面对具体的建筑工程施工项目设计行为实施过程中的风险管理则略有不同。现实建筑工程施工项目实施过程中，设计方主体风险一般包括设计过程中的变更较多、设计方案过于保守以及设计理念或方案失误等。

4. 监理方风险

（1）监理组织风险。因为项目组织具有对外性、短期性和协作性等特点，导致其相关的管理工作要比其他运营企业的管理工作更有难度，因此，项目企业所存在的风险往往要高于日常运营企业中的风险，这就有必要对项目组织风险进行科学的管理。

（2）监理范围风险。监理范围的风险体现在监理方对监理范围认识的错误上。有关监理范围的划分，在所签署合同的条款中已明确指出，但在现实的监理工作中，监理方以及总监理往往没有对监理范围进行认真界定就同现场监理人员进行交流，导致现场监理人员对监理范围认识错误。

（3）监理质量风险。监理质量不同于工程质量，监理质量是指整个工程监理工作的好坏。监理的质量往往决定了监理方履行合约的效果和监理方对所监理项目的"三控、两管、一协调"等工作的最终成果。所以，应根据监理方 ISO 的质量指标体系，来确保施工现场监理人员监理的质量。

（4）监理工程师失职。监理工程师失职是指因监理工程师自身能力有限、缺乏责任心给工程造成的损失。个别监理工程师滥用职权，拿权力做交易，致使业主的利益受损。

在项目实施阶段也存在一定的风险，其对施工质量、施工进度和成本造成了一定的影响，从而降低了监理方的工作质量和利益。识别实施阶段的风险的方法主要是面谈，面谈的对象是监理人员和相关工作的专业职员，特别是施工现场中的总监和监理工程师，因为他们是工程监理工作前线线的工作者，从施工的角度讲，他们和其他部门有着诸多关联，对可能产生的风险最了解，此外，面谈人员中也应包括与监理单位有关的工作者，如组织管理部门的管理者、ISO 质量体系的审核者。

（二）外部风险

1. 政治风险

传统意义上的建筑工程施工项目政治风险一般指，因为一个国家的政治权利或者是政治局势的变更，导致这个国家的社会不安定，进而对建筑工程施工项目的发展或实施产生重大影响的一种项目外风险。也有因为国家政府或者政策方面的因素，强制建筑工程施工项目加速完工或是缩减某些施工环节而引发的建筑工程施工项目风险。例如，某地区政府需要在指定的地点举办活动或领导要巡查工作占用场地等需要某建筑工程施工项目提早完工或缩短工期，如此一来，建筑工程施工项目就要购买更多的装备，延长工作人员的上班时间，如此种种便加大了建筑工程施工项目的资金支出。针对此类的建筑工程施工项目风险事件，根本无法预见，并且也不能测算，因此，在建筑工程施工项目做预算时应将此类风险纳入其中。

如今，政治风险特指因政治方面的各种事件而导致建筑工程施工项目蒙受意外损失。一般来讲，建筑工程施工项目政治风险是一种完全主观的不确定性事件，包括宏观和微观两个方面。宏观的建筑工程施工项目政治风险是指在一个国家内对所有经营者都存在的风险。一旦发生这种风险，所有的人都可能受到影响，像战争、政局更迭等。而微观的建筑工程施工项目风险则仅是局部受影响，部分人受害而另一部分人则可能受益，或仅仅是某一行业受到不利影响的风险。

2. 自然风险

建筑工程施工项目的实施长期处于户外露天环境，必须将气候和天气的影响纳入风险管理的范围内。外面温度太高或者太低、阴雨或积雪等天气都会对建筑工程施工项目的运营产生影响。因此，建筑工程施工项目自然风险就是指由于自然环境，比方说地理分布、天气变化等因素，阻碍建筑工程施工项目的顺利实施。它是建筑工程施工项目发生的地域人力无法改变的不利的自然环境、项目实施过程大概遇到的恶劣气候、建筑工程施工项目身处的外界环境、破旧不堪的杂乱的施工现场等要素给建筑工程施工项目造成的风险。

自然风险包括：恶劣的气象条件，如严寒无法施工，台风、暴雨给施工带来困难或损失；恶劣的现场条件，如施工用水用电供应的不稳定性、工程施工的不利地质条件等；不利的地理位置，如工程地点十分偏僻、交通十分不利等；不可抗力的自然灾害，如地震、洪灾等。

3. 经济风险

建筑工程施工项目经济风险其实就是建筑工程施工项目实施过程中，因为资源分配不妥当、较严重的通货膨胀、市场评估不正确以及人力与资源供需不稳定等原因引发的导致建筑工程施工项目在经济上出现问题。部分经济风险是广泛性的，对所有产业都会产生一定的危害，比方说汇率忽高忽低、物价不稳定、波及全球的经济危机等；一部分建筑工程施工项目经济风险只波及建筑行业范围内的组织，比如政府在建筑产业投资上资金的变动、现期房的出售情况、原材料和劳动力价格的变动；还有一部分经济风险是在工程外包过程中引起的，这种经济风险只涉及某一个建筑工程施工项目施工方主体，比方说建筑工程施工项目的业主方执行合约的资格等。在建筑工程施工项目发展过程中，业主方主体存在由于建筑工程施工项目的成本投入扩大和偿债能力的波动而造成的经济评估的潜在风险。

经济风险包括：宏观经济形势不利，如整个国家的经济发展不景气；投资环境差，工程投资环境包括硬环境（如交通、电力供应、通信等条件）和软环境（如地方政府对工程开发建设的态度等）；原材料价格不正常上涨，如建筑钢材价格不断攀升；通货膨胀幅度过大，税收提高过多；投资回报期长，长线工程预期投资回报难以实现；资金筹措困难等。

第三节　建筑工程施工项目的风险管理

一、建筑工程施工项目风险管理的定义

建筑工程施工项目的立项、分析、研究、设计以及计划等实施都是建立在对未来各个工作的预测的基础之上的，建筑工程施工项目建设的正常进行，必须以技术、管理和组织等方面科学并合理的实现为前提。然而，通常在建筑工程施工项目建设的过程中，不可避免会出现一些影响因素对项目建设造成影响，导致部分不确定目标的实现存在较大的难度。这部分建筑工程施工项目中难以进行预测与评估的干扰因素，被称为建筑工程施工项目风险。

二、建筑工程施工项目风险的影响因素

建筑工程施工项目风险受多方面因素的影响，主要包括人的因素、技术因素、环境因素等。

（一）人的因素

这里说的人的因素不单指施工方造成的风险，还包括业主方的影响。首先，施工方的因素。施工方承担整个工程的施工过程，无论是参与施工的管理人员，还是操作人员，都可能是造成工程损失的风险源。例如，安全意识不足、安全措施实施不到位等都可能造成工程安全事故的发生。另外，施工人员的心理素质、应变能力、工作心态等方面也影响着施工风险的发生概率及其造成损失的后果。其次，业主方的因素。业主方虽然不直接参与施工过程，但却掌握着项目的最大资源。例如，业主方决定了工程完成的工期、资金的拨付情况等。

（二）技术因素

施工人员的专业度、熟练度也是造成建筑工程施工项目风险的重要因素。施工人员的技术越专业、越娴熟，在施工过程中所面临的风险就越小。如地

基施工，要结合实际的地质条件来确定地基施工工艺。这就需要施工人员对水位、地质、天气等因素进行详细勘察后拟定，如果施工人员技术专业能力差、缺乏经验，就会造成施工工艺选择失当，从而增大施工难度、增加施工成本。

（三）环境因素

自然环境、施工环境均会影响建筑工程施工项目。除了地震、风暴、水灾、火灾等不可抗的自然现象会严重影响建筑工程施工项目。天气变化也会影响施工项目，例如，施工地区的风力高于 5 级就不适合再施工、不同时间段工地温度差异过大会造成施工困难。施工环境如果不好，会增大建筑工程施工项目风险。例如：夜间施工照明不足，极容易造成安全事故；场地通风设备不良，一些挥发毒气的材料会造成施工环境污染等。施工单位应当重视施工环境的管理和改善，要对施工当地的道路交通、城市管线、周边设施等可能对施工造成损失的因素进行分析，列出当地的环境状况影响因素，并对可能在施工中产生的后果进行预测。

三、建筑工程施工项目风险管理的意义

风险管理要融入建筑工程施工项目管理流程中，真正做到项目管理全面化，因为风险管理是实现项目总目标的坚实保障，也是使工程项目向着预期目标顺利进展的有力工具。现阶段，中国大规模、高投资的工程项目越来越多，工期也越来越长，这种情况下，风险无处不在，且纷繁复杂、相互关联。因此，在项目全生命周期中应时时关注风险，切不可掉以轻心，特别是施工阶段，严格执行风险防范措施具有重大意义，同时，形成良好风险管控氛围、普及相关知识、提高管理人员风险分析水平具有深远影响。具体主要表现在以下五个方面：

（1）明确风险对项目的影响，通过风险分析的各个环节比较各因素影响的大小，找出适合的管控方式；

（2）经过风险分析后，总体上降低了项目的不确定性，保证了项目目标的实现；

（3）通过建筑工程施工项目风险管理，管理者不再被动应付突发风险，而是能够更加从容主动地防范风险的发生，而且各种防范方法重组后可以灵活应对各种新产生的风险，做到事半功倍；

（4）通过建筑工程施工项目风险管理，加强了项目各方沟通的能力，改善了不规范的行为，提高了项目执行的可行性，使团队更具有安全感，加强凝聚力；

（5）企业可以通过风险管理，建立自己的风险因素的集合，通过对该项目不间断监测的数据地及时输入，运用风险管理软件进行分析，再结合实际施工的进行情况做出较为准确的决策，这样可以提高效率，节约资源，实现建筑工程施工项目的动态管理。

第二章 建筑工程施工项目风险管理的过程

建筑工程施工项目风险管理是一个系统的过程，主要包括风险规划、风险识别、风险分析与评估、风险应对、风险监控等环节。风险管理的每个过程都有其相应的内涵，通过各个环节的实施能够达到一定的目的。建筑工程施工项目风险管理的每个过程都有其相应的实施方法，只有对每个环节进行详细的研究，才能够做好建筑工程施工项目的风险管理。

第一节 建筑工程施工项目的风险规划

一、风险规划的内涵

规划是一项重要的管理职能，组织中的各项活动几乎都离不开规划，规划工作的质量也集中体现了一个组织管理水平的高低。掌握必要的规划工作方法与技能，是建筑工程施工项目风险管理人员的必备技能，也是提高建筑工程施工项目风险管理效能的基本保证。

建筑工程施工项目风险规划，是在工程项目正式启动前或启动初期，对项目、项目风险的一个统筹考虑、系统规划和顶层设计的过程，开展建筑工程施工项目风险规划是进行建筑工程施工项目风险管理的基本要求，也是进行建筑工程施工项目风险管理的首要职能。

建筑工程施工项目风险规划是规划和设计如何进行项目风险管理的动态创造性过程，该过程主要包括定义项目组织及成员风险管理的行动方案与方式、选择适合的风险管理方法、确定风险判断的依据等，用于对风险管理活动的计划和实践形式进行决策，它将是整个项目风险管理的战略性和指导性纲领。在进行风险规划时，主要应考虑的因素有项目图表、风险管理策略、预定义的角色和职责、雇主的风险容忍度、风险管理模板和工作分解结构（WBS）等。

二、风险规划的目的与任务

（一）风险规划的目的

风险规划是一个迭代的过程，包括评估、控制、监控和记录项目风险的各种活动,其结果就是风险管理规划。通过制定风险规划,可以实现下列目的：

（1）尽可能消除风险；

（2）隔离风险并使之尽量降低；

（3）制定若干备选行动方案；

（4）建立时间和经费储备以应付不可避免的风险。

风险管理规划的目的,简单地说,就是强化有组织、有目的的风险管理思路和途径,以预防、减轻、遏制或消除不良事件的发生及产生的影响。

（二）风险规划的任务

风险规划是指确定一套系统全面、有机配合、协调一致的策略和方法并将其形成文件的过程。这套策略和方法用于辨识和跟踪风险区,拟定风险缓解方案,进行持续的风险评估,从而确定风险变化情况并配置充足的资源。风险规划阶段主要考虑的问题有：

（1）风险管理策略是否正确、可行；

（2）实施的管理策略和手段是否符合总目标。

三、风险规划的内容

风险规划的主要内容包括：确定风险管理使用的方法、工具和数据资源；明确风险管理活动中领导者、支持者及参与者的角色定位、任务分工及其各自的责任和能力要求；界定项目生命周期中风险管理过程的各运行阶段及过程评价、控制和变更的周期或频率；定义并说明风险评估和风险量化的类型级别；明确定义由谁以何种方式采取风险应对行动；规定风险管理各过程中应汇报或沟通的内容、范围、渠道及方式；规定如何以文档的方式记录项目实施过程中风险及风险管理的过程,风险管理文档可有效用于对当前项目的管理、监控、经验教训的总结及日后项目的指导等。

一般来讲,项目组在论证分析制定风险管理规划时,主要涉及如下内容。

（1）风险管理目标。围绕项目总目标,提出本项目的风险管理目标。

（2）风险管理组织。成立风险管理团队,确定专人进行风险管理。

（3）风险管理计划。根据风险等级和风险类别,制定相应的风险管理方案。

（4）风险管理方法。明确风险管理各阶段采取的管理方法，如识别阶段采用专家打分法和头脑风暴法，量化阶段采用统一打分标度，评价计算阶段采用层次分析法，应对措施要具体情况具体对待，对重要里程碑要进行重新评估等。

（5）风险管理要求。实行目标管理负责制，制定风险管理奖励机制，制定风险管理日常制度等。

四、风险规划的主要方法

（一）会议分析法

风险规划的主要方法是召开风险规划会议，参加人包括项目经理和负责项目风险管理的团队成员，通过风险管理规划会议，确定实施风险管理活动的总体计划，确定风险管理的方法、工具、报告、跟踪形式以及具体的时间计划等，会议的结果是制定一套项目风险管理计划。有效的风险管理规划有助于建立科学的风险管理机制。

（二）WBS 法

工作分解结构图（WBS，Work Breakdown Structure）是将项目按照其内在结构或实施过程的顺序进行逐层分解而形成的结构示意图，它可以将项目分解到相对独立的、内容单一的、易于成本核算与检查的工作单元，并能把各工作单元在项目中的地位与构成直观地表示出来。

1. WBS 单元级别概述

WBS 单元是指构成分解结构的每一个独立的组成部分。WBS 单元应按所处的层次划分级别，从顶层开始，依次为 1 级、2 级、3 级，一般可分为 6 级或更多级别。工作分解既可按项目的内在结构，也可按项目的实施顺序。同时，由于项目本身复杂程度、规模大小的不同，形成了 WBS 的不同层次。根据项目的相关术语定义，WBS 的基本层次如图 2-1 所示。

在实际的项目分解中，有时层次较少，有时层次较多，不同类型的项目会有不同的项目分解结构图。

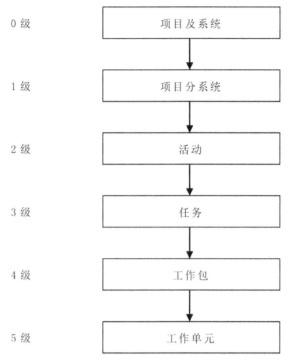

0 级	项目及系统
1 级	项目分系统
2 级	活 动
3 级	任 务
4 级	工 作 包
5 级	工 作 单 元

图 2-1　6 级 WBS 示意图

2. 建筑工程施工项目中的 WBS 技术应用

WBS 是实施项目、创造最终产品或服务所必须进行的全部活动的一张清单，是进度计划、人员分配、预算计划的基础，是对项目风险实施系统工程管理的有效工具。WBS 在建设项目风险规划中的应用主要体现在以下两个方面：

（1）将风险规划工作看成一个项目，用 WBS 把风险规划工作细化到工作单元；

（2）针对风险规划工作的各项工作单元分配人员、预算、资源等。

运用 WBS 对风险规划工作进行分解时，一般应遵循以下步骤。

（1）根据建设工程施工项目的规模及其复杂程度以及决策者对于风险规划的要求确定工作分解的详细程度。如果分解过粗，可能难于体现规划内容；分解过细，会增加规划制定的工作量。因此，在工作分解时要考虑下列因素：

①分解对象。若分解的是大而复杂的建设项目风险规划工作，则可分层次分解，对于最高层次的分解可粗略，再逐级往下，层次越低，可越详细；若需分解的是相对小而简单的建设项目风险规划工作，则可简略一些。

②使用者。对于项目经理分解不必过细，只需要让他们从总体上掌握和控制规划即可；对于规划的执行者，则应分解得较细。

③编制者。编制者对建设工程施工项目风险管理的专业知识、信息、经验掌握得越多，则越可能使规划编制的粗细程度符合实际要求；反之则有可能失当。

（2）根据工作分解的详细程度，将风险规划工作进行分解，直至确定的、相对独立的工作单元。

（3）根据收集的信息，对每一个工作单元，尽可能详细地说明其性质、特点、工作内容、资源输出（人、财、物等），进行成本和时间估算，并确定负责人及相应的组织机构。

（4）责任者对该工作单元的预算、时间进度、资源需求、人员分配等进行复核，并形成初步文件上报上级机关或管理人员。

（5）逐级汇总以上信息并明确各工作单元实施的先后次序，即逻辑关系。

（6）形成风险规划的工作分解结构图，用以指导风险规划的制定。

第二节　建筑工程施工项目的风险识别

一、风险识别的内涵

建筑工程施工项目风险识别是对存在于项目中的各类风险源或不确定性因素，按其产生的背景、表现特征和预期后果进行界定和识别，对工程项目风险因素进行科学分类。简而言之，建筑工程施工项目风险识别就是确定何种风险事件可能影响项目，并将这些风险的特性整理成文档，进行合理分类。

建筑工程施工项目风险识别是风险管理的首要工作，也是风险管理工作中的最重要阶段。由于项目的全寿命周期中均存在风险，因此，项目风险识别是一项贯穿于项目实施全过程的项目风险管理工作。它不是一次性的工作，而是有规律地贯穿整个项目，并基于项目全局考虑，避免静态化、局部化和短视化的工作。

建筑工程施工项目的风险识别是项目管理者识别风险来源、确定风险发生条件、描述风险特征并评价风险影响的过程。通过风险识别，应该建立以下信息：

（1）存在的或潜在的风险因素；

（2）风险发生的后果、影响的大小和严重性；

（3）风险发生的概率；

（4）风险发生的可能时间；

（5）风险与本项目或其他项目及环境之间的相互影响。

建筑工程施工项目风险识别是一个系统的并且持续的过程，而不是一个暂时的管理活动，因为项目发展会出现不同的阶段，不同阶段所遇到的外部情况和内部情况都不一样，因此风险因素也不会一成不变。开始时进行的项目全面风险识别，过一段时间后，识别出的风险可能会越来越小直至消失，但是新的建筑工程施工项目风险也许又会产生，所以，建筑工程施工项目风险识别过程必须连续且全程跟踪。

由此可见，建筑工程施工项目风险识别的内涵就可以总结为以下内容。

（1）建筑工程施工项目风险识别的基本内容是分析确认项目中存在的风险，即感知风险。通过对建筑工程施工项目风险发生过程的全程监控得以掌握其发生规律，有效地识别出建筑工程施工项目中大概能够发生的风险，进一步知晓建筑工程施工项目实施过程中不同类型的风险问题出现的内在动因、外在条件和产生途径。

（2）建筑工程施工项目风险识别过程除了要探讨和挖掘出存在的风险以外，还得实时监控，识别出各种潜在的风险。

（3）因为建筑工程施工项目进展环境是不断变化的，不同阶段的风险也是逐渐发生变化的，所以建筑工程施工项目风险识别就是一种综合性的、全面性的、最重要的是持续性的工作。

（4）建筑工程施工项目风险识别是项目风险管理全过程中的第一步，也是最基本、最重要的一步，它的工作结果会直接影响后续的风险管理工作，并最终影响整个风险管理工作。

二、风险识别的目的

建筑工程施工项目风险识别是建筑工程施工项目风险管理的铺垫性环节。建筑工程施工项目风险管理工作者在搜集建筑工程施工项目资料并实施建筑工程施工项目现场调查分析以后，采用一系列的技术方法，全面的、系统的、有针对性地对建筑工程施工项目中可能存在的各种风险进行识别和归类，并理解和熟悉各种建筑工程施工项目风险的产生原因，以及能够导致的损失程度。因此，建筑工程施工项目风险识别的目的包括以下三个方面：

（1）识别出建筑工程施工项目进展中可能存在的风险因素，以及明确风险产生的原因和条件，并据此衡量该风险对建筑工程施工项目的影响程度以及可能导致损失程度的大小；

（2）根据风险不同特点对所有建筑工程施工项目风险进行分类，并记录具体建筑工程施工项目风险的各方面特征，据此制定出最适当的风险应对措施；

（3）根据建筑工程施工项目风险可能引起的后果确定各风险的重要性程度，并制定出建筑工程施工项目风险级别来区别管理。

建筑工程施工项目风险是多种多样的，根据不同的内部和外部环境，会有不一样的风险：动态的和静态的；真实存在的和还在处在潜伏期的。为此建筑工程施工项目风险识别必须有效地将建筑工程施工项目内部存在的以及外部存在的所有风险进行分类。建筑工程施工项目内部存在的风险主要是建筑工程施工项目风险管理者可以人为地去左右的风险，比如项目管理过程中的人员选择与配备以及项目消耗的成本费用的估算等。外部存在的风险主要是不在建筑工程施工项目管理者能力范围之内的风险，比如建筑工程施工项目参与市场竞争产生的风险，以及项目施工时所处的自然环境不断变化造成的风险。

三、风险识别的依据

项目风险识别的主要依据包括风险管理计划、项目规划、历史资料、风险种类、制约因素与假设条件。

（一）风险管理计划

建筑工程施工项目风险管理计划是规划和设计如何进行建筑工程施工项目风险管理的过程，它定义了工程项目组织及成员风险管理的行动方案和方式，指导工程项目组织选择风险管理方法。建筑工程施工项目风险管理计划针对整个项目生命周期制定如何组织和进行风险识别、风险分析与评估、风险应对及风险监控的规划。从建筑工程施工项目风险管理计划中可以确定以下内容：

（1）风险识别的范围；

（2）信息获取的渠道和方式；

（3）项目组成员在项目风险识别中的分工和责任分配；

（4）重点调查的项目相关方；

（5）项目组在识别风险过程中可以应用的方法及其规范；

（6）在风险管理过程中应该何时、由谁进行哪些风险重新识别；

（7）风险识别结果的形式、信息通报和处理程序。

因此，建筑工程施工项目风险管理计划是项目组进行风险识别的首要依据。

（二）项目规划

建筑工程施工项目规划中的项目目标、任务、范围、进度计划、费用计划、资源计划、采购计划及项目承包商、业主方和其他利益相关方对项目的期望值等都是项目风险识别的依据。

（三）历史资料

建筑工程施工项目风险识别的重要依据之一就是历史资料，即从本项目或其他相关项目的档案文件中、从公共信息渠道中获取对本项目有借鉴作用的风险信息。以前做过的、同本项目类似的项目及其经验教训对于识别本项目的风险非常有用。项目管理人员可以翻阅过去项目的档案，向曾参与该项目的有关各方征集有关资料，这些人手头保存的档案中常常有详细的记录，记载着一些事故的来龙去脉，这对本项目的风险识别极有帮助。

（四）风险种类

风险种类指那些可能对建筑工程施工项目产生正面或负面影响的风险源。一般的风险类型有技术风险、质量风险、过程风险、管理风险、组织风险、市场风险及法律法规变更等。项目的风险种类应能反映建筑工程施工项目应用领域的特征，掌握了各风险种类的特征规律，也就掌握了风险辨识的钥匙。

（五）制约因素与假设条件

项目建议书、可行性研究报告、设计等项目计划和规划性文件一般都是在若干假设、前提条件下估计或预测出来的。这些前提和假设在项目实施期间可能成立，也可能不成立。因此，建筑工程施工项目的前提和假设之中隐藏着风险。建筑工程施工项目必然处于一定的环境之中，受到内外许多因素的制约，其中国家的法律、法规和规章等因素都是工程项目活动主体无法控制的，这些构成了工程项目的制约因素，这些制约因素中隐藏着风险。为了明确项目计划和规划的前提、假设和限制，应当对工程项目的所有管理计划进行审查。例如：

（1）审查范围管理计划中的范围说明书能揭示出建筑工程施工项目的成本、进度目标是否定得太高，而审查其中的工作分解结构，可以发现以前未曾注意到的机会或威胁；

（2）审查人力资源与沟通管理计划中的人员安排计划，能够发现对项目的顺利进展有重大影响的那些人，可判断这些人员是否能够在建筑工程施工项目过程中发挥其应有的作用，这样就可以发现该项目潜在的威胁；

（3）审查项目采购与合同管理计划中有关合同类型的规定和说明，因为不同形式的合同规定了建筑工程施工项目各方承担的不同风险，如外汇汇率对项目预算的影响，建筑工程施工项目相关方的各种改革、并购及战略调整给项目带来直接和间接的影响。

四、风险识别的特点

建筑工程施工项目风险识别具有如下一些特点。

（1）全员性。建筑工程施工项目风险的识别不只是项目经理或项目组个别人的工作，而是项目组全体成员参与并共同完成的任务。因为每个项目组成员的工作都会有风险，每个项目组成员都有各自的项目经历和项目风险管理经验。

（2）系统性。建筑工程施工项目风险无处不在、无时不有，决定了风险识别的系统性，即工程项目寿命期的风险都属于风险识别的范围。

（3）动态性。风险识别并不是一次性的，在建筑工程施工项目计划、实施甚至收尾阶段都要进行风险识别。根据工程项目内部条件、外部环境以及项目范围的变化情况适时、定期进行工程项目风险识别是非常必要和重要的。因此，风险识别要在工程项目开始、每个项目阶段中间、主要范围变更批准之前进行，它必须贯穿于工程项目全过程。

（4）信息性。风险识别需要做许多基础性工作，其中重要的一项工作是收集相关的项目信息。信息的全面性、及时性、准确性和动态性决定了建筑工程施工项目风险识别工作的质量和结果的可靠性和精确性，建筑工程施工项目风险识别具有信息依赖性。

（5）综合性。风险识别是一项综合性较强的工作，除了在人员参与、信息收集和范围上具有综合性特点外，风险识别的工具和技术也具有综合性，即风险识别过程中要综合应用各种风险识别的技术和工具。

五、风险识别的过程

建筑工程施工项目风险识别过程通常包括如下五个步骤。

（1）确定目标。不同建筑工程施工项目，偏重的目标可能各不相同。有的项目可能偏重于工期保障目标，有的则偏重于成本控制目标，有的偏重于安全目标，有的偏重于质量目标，不同项目管理目标对风险的识别自然也不完全相同。

（2）确定最重要的参与者。建筑工程施工项目管理涉及多个参与方，涉及众多类别管理者和作业者。风险识别是否全面准确，需要来自不同岗位的人员参与。

（3）收集资料。除了对建筑工程施工项目的招投标文件等直接相关文件认真分析，还要对相关法律法规、地区人文民俗、社会及经济金融等相关信息进行收集和分析。

（4）估计项目风险形势。风险形势估计就是要明确项目的目标、战略、战术以及实现项目目标的手段和资源，以确定项目及其环境的变数。通过项目风险形势估计，确定和判断项目目标是否明确、是否具有可测性、是否具有现实性以及有多大不确定性；分析保证项目目标实现的战略方针、战略步骤和战略方法；根据项目资源状况分析实现战略目标的战术方案存在多大的不确定性，彻底弄清项目有多少可用资源。通过项目风险形势估计，可对项目风险进行初步识别。

（5）根据直接或间接的征兆，将潜在项目风险识别出来。

六、风险分析的方法

（一）德尔菲法

这是一种起源很早的方法，德尔菲法是公司通过与专家建立的函询关系，进行多次征求意见，再多次反馈整合结果，最终将所有专家的意见趋于一致的方法。这样最终得到的结果便可作为最后风险识别的结果。这是美国兰德公司最先使用的一种有助于归总零散问题、减少偏倚摆动的一种专家能最终达成一致的有效方法。在操作德尔菲法时要注意以下三点：

（1）专家的征询函需要匿名，这是为了最大限度地保护专家的意见，减少公开发表带来的不必要麻烦；

（2）在整合统计时，要扬长避短；

（3）在进行意见交换时，要充分进行相互启发，集众所长，提高准确度。

（二）头脑风暴法

头脑风暴法（Brainstorming）是一种通过讨论和思想碰撞，产生新思想的方法，由美国人奥斯本于1939年首创，开始是广告设计人员互相讨论、启发的工作模式。头脑风暴法的特点是通过召集相关人员开会，鼓励与会人员充分展开想象，畅所欲言，杜绝一言堂，真正做到言者无罪，让与会者的思路充分拓展。会议时间不能太长，组织者要创造条件，不能给发表意见者施加压力，要使会议环境宽松，从而有利于新思想、新观点的产生。会议应遵循以下原则：

（1）禁止对与会人员的发言进行指责、非难；

（2）努力促进与会人员发言，随着发言的增加，获得的信息量就会增加，出现有价值的思想的概率就会增大；

（3）要特别重视那些离经叛道、不着边际、不被普通人接受的思想；

（4）将所收集到的思想观点进行汇总，把汇总后的意见及初步分析结果交予与会专家，从而激发新的思想；

（5）对专家意见要进行详细的分析、解读，要重视，但也要有组织自身的判断，不能盲从。

头脑风暴法强调瞬间思维带来的风险数量，而非质量。它是通过刺激思维，不断产生新思想的方法。在头脑风暴法进行中无须讨论也不要批判，只需罗列所能想到的一切可能性。专家之间可以相互启发，吸纳新的信息，迸发新的想法，使大家形成共鸣，达到取长补短的效果。这样通过反复列举，可以使风险识别更全面，使结果更趋于科学化、准确化。

（三）核对表法

要指定核对表，首先要搜集历史相关资料，根据以往经验教训，制定出涵盖较广泛的可做借鉴依据的表格。此表格可以从项目的资金、成本、质量、工期、招标、合同等方面说明项目成败的原因，还可以从项目技术手段、项目所处环境、资源等方面对成败原因进行分析。当前有待风险管理的项目可在参考此表的基础上，再结合自身特点对其环境、资源、管理等方面进行对比，查缺补漏，找出风险因素。这种方法的优点是识别迅速、方便、技术要求低，但其缺点是风险识别因素不全面，有局限性。

（四）现场考察法

风险管理人员能够识别大部分的潜在风险，但不是全部。只有深入施工阶段内部进行实地考察，收集相关的信息，才能准确而全面地发现风险。例如，在施工阶段进行现场考察，可以了解有关工程材料的保管情况、项目的实际进度、是否存在安全隐患以及项目的质量情况等。

（五）财务报表分析法

通过对财务的资产负债表、损益表等相关财务报表分析得出现阶段企业的财务情况，识别出工程项目存在的财务风险，判断出责任归属方及损失程度。此方法可以确定特殊工程项目预计产生的损失，还可以分析出导致损失的原因。此方法经常被使用，优点突出，在前期投资分析和施工阶段财务分析中极为适用。

（六）流程图法

流程图表示一个项目的工作流程，不同种类的流程图表示相互信息间的不同关系。表示项目整体工作流程的流程图，被称为系统流程图；表示项施工阶段相互关联的流程图，被称为项目实施流程图；表示部门间作业先后关系的流程图，被称为项目作业流程图。使用这种方法分析风险、识别风险简洁明了，并能捕捉动态风险因素。其优点在于此方法可以有效辨识风险所处的环节，以及多环节间的相互关系，连带影响其他环节。运用该法，管理者可以高效地辨明风险的潜在威胁。

（七）故障树分析法

1961年，美国贝尔实验室提出故障树分析法（FTA，Fault Tree Analysis）。故障树分析法是定性分析项目可能发生的风险的过程，其主要工作原理是：由项目管理者确定将项目实施过程中最应杜绝发生的风险事故定为故障树分析的目标，这个目标可以是一个也可以是多个，我们称之为顶端事件；再通过分析讨论导致这些顶端事件发生的原因，这些原因事件被称为中间事件；再进一步寻找导致这些中间事件发生的原因，仍被称为中间事件，直至进一步寻找变得不再可行或者成本效益值太低为止，此时得到的最低水平事件被称为原始事件。

故障树分析法遵循由结果找原因的原则，将项目风险可能结果由果及因，按树状逐级细化至原发事件，在分析前期预测和识别各种潜在风险因素的基础上，找到项目风险的因果关系，沿着风险产生的树状结构，运用逻辑推理的方法，求出发生风险的概率，提供风险因素的应对方案。

由于故障树分析法由上而下、由果及因、一果多因地构建项目风险管理的体系，在实践中通常采用符号及指向线段来构图，构成的图形与树一样，由高向低，越分越多，故称故障树。

第三节　建筑工程施工项目的风险分析与评估

一、风险分析与评估的内涵

（一）风险分析的内涵

风险分析是以单个的风险因素为主要对象，具体阐述如下：第一，基于对项目活动的时间、空间、地点等存在风险的确定，采用量化的方法进行风险因素识别，对风险实际发生的概率进行估算；第二，对风险后果进行估计之后，对各风险因素的影响程度与顺序进行确定；第三，确认风险出现的时间与影响范围。

风险分析指的是通过各种量化指标形成风险清单，并帮助风险控制解决路线与解决方案得以明确的整个过程。风险分析主要采用量化分析，并同时对可能增加或减少的潜在风险进行充分考虑，确定个别风险因素及其影响，并实现对尺度和方法的选定，以确定风险的后果。风险因素的发生概率估计分为主观风险估计与客观风险估计。客观风险估计主要参考历史数据资料，而主观风险估计则主要以人的经验与判断力为依托。通常情况下，风险分析必须同步进行主观风险估计与客观风险估计。这是因为我们并不能完全了建设项目的进展情况，同时由于不断引入的新技术与新材料，增加了建设项目进程的客观影响因素的复杂性，原有数据的更新不断加快，导致参考价值丧失。由此可见，针对一些特殊的情况，主观的风险估计相对会更重要。

（二）风险评估的内涵

对各种风险事件的后果进行评估，并基于此对不同风险严重程度的顺序进行确定，这就是风险评估。在风险评估中，对各种风险因素对项目总体目标的影响的考虑与分析具有十分重要的意义，以此使风险的应对措施得以确定，当然风险评估必然产生一定的费用，因此需要对风险成本效益进行综合考虑。在进行分析与评估时，管理人员应对决策者决策可能带来的所有影响进行细致的研究与分析，并自行对风险结果进行预测，然后与决策者决策进行比较，对决策者是否接受这些预测进行合理判断。由于风险的不同，其可接受程度与危害性必然也存在一定的差异，因此，一旦产生了风险，就必须对其性质进行详细分析，并采取应对措施。风险评估的方法主要分为两种，即定量评估与定性评估，在风险评估的过程中，还应针对风险损失的防止、减少、转移以及消除制定初步方案，并在风险管理阶段对这些方案进行深入分析，选择最合理的方法。在实践中，风险识别、风险分析与风险评估具有十分密切的联系，通常情况下三者具有重叠性，在实施过程中三者需要交替反复。

（三）风险分析与风险评估之间的关系

风险分析主要用于对单一风险因素的衡量，并且是以风险评估为分析的基础，比如对风险发生的概率、影响的范围以及损失的大小进行估计；而多种风险因素对项目指标影响的分析则属于风险评估。在风险管理的过程中，风险分析与风险评估既有密切的联系，又有一定的区别。从某种意义上来讲是难以严格区分风险评估与风险分析的界限的，因此在对某些方法的应用方面两者还是具有一定的互通性的。

二、风险分析与评估的目的

风险分析与评估的作用是对单一风险因素发生的概率加以确定。为实现量化的目的，管理者会对主观或者客观的方法加以应用；对各种可能的因素风险结果进行分析，对这些风险使项目目标受影响的程度进行研究；针对单一的风险因素进行量化分析，对多种风险因素对项目目标的综合影响进行分析与考虑，对风险程度进行评估，然后提出相应的措施以支持管理决策。

三、风险分析与评估的方法

（一）风险量化法

风险分析活动是基于风险事件所发生的概率与概率分布而进行的。因此，风险分析首先就要确定风险事件概率与概率分布的情况。

风险量是指不确定的损失程度和损失本身所发生的概率。对于某个可能发生的风险，其所遭受的损失程度、概率与风险量成正比关系。可用以下公式来表达风险量：

$$R=F（O，P，L）$$

式中 R 表示某个风险事件的发生对管理目标的影响程度；O 表示受该风险因素影响的风险后果集；P 表示风险结果的概率集；L 表示对风险的认识和感受，对风险的态度。以上三个因子也可用其他特征函数来进行表达：$O=f$（信息可信度、技术水准、分析者的经验值等），$P=f$（信息可信度、信息来源、分析者的经验值等），$L=f$（主观因素、激励措施、风险背景、分析者的经验值等）。

最简单的风险量化方法就是风险结果乘以其相应的概率值，从而能够得到项目风险损失的期望值，这在数理统计学中被称为均值。然而在风险大小的度量中采用均值仍然存在一定的缺陷，该方法对风险结果之间的差异或离散缺乏考虑，因此，应对风险结果之间的离散程度问题进行充分考虑，这种风险度量方法才具有合理性。根据统计学理论可得知，可以用方差解决风险结果之间离散程度量化的问题。

（二）LEC 法

在实际建筑工程施工项目风险管理的过程中，LEC 方法的应用具有十分重要的意义，其本质就是风险量公式的变形，是应用概率论的重要方法。该方法用风险事件发生的概率、人员处于危险环境中的频繁程度和事故的后果三个自变量相乘，得出的结果被用来衡量安全风险事件的大小。其中 L 表示事故发生的概率，E表示人员暴露于危险环境中的频繁程度，C表示事故后果，则风险大小S可用下式描述：

$$S=L \times E \times C$$

LEC的方法对L、E、C等三个变量加以利用，因此我们称之为LEC方法。根据此方法来对危险源打分并分级，如此就实现了对建筑工程施工项目安全风险的详细分级，并且与实际情况相符合，也更容易进行安全风险排序，使大部分建筑工程施工项目安全风险管理的精细化管理要求得到满足。

（三）CPM法

在施工项目中，进度风险属于管理风险，也是主要的控制风险之一。目前，在施工项目进度风险管理中，建筑施工企业以编制CPM网络进度计划的方法为主。CPM法主要有三种表示方法，即双代号网络、单代号网络以及双代号时标网络。这三种表示方法的相同点是：项目中各项活动的持续时间具有单一性与确定性，主要依靠专家判断、类比估算以及参数估算来确定活动持续的时间；该技术主要沿着项目进度路线采用两种分析方法，即正向分析与反向分析，进而使理论上所有计划活动的最早开始时间与结束时间、最迟开始时间与结束时间得以计算，并制定相应的项目进度表，针对其中存在的风险采取相应的措施。

第四节　建筑工程施工项目的风险应对

一、风险应对的含义

风险应对就是对项目风险提出处置意见和办法。通过对项目风险识别、分析和评估，把项目风险发生的概率、损失严重程度以及其他因素综合起来考虑，就可得出项目发生各种风险的可能性及其危害度，再与公认的安全指标相比较，就可确定项目的危险等级，从而决定应采取什么样的措施以及控制措施应采取到什么程度。

二、风险应对的过程

作为建筑工程施工项目风险管理的一个有机组成部分，风险应对也是一种系统过程活动。

1.风险应对过程目标

当风险应对过程满足下列目标时，就说明它是充分的：①进一步提炼工程项目风险背景；②为预见到的风险做好准备；③确定风险管理的成本效益；

④制定风险应对的有效策略；⑤系统地管理工程项目风险。

2. 风险应对过程活动

风险应对过程活动是指执行风险行动计划，以求将风险降至可接受程度所需完成的任务。一般有以下几项内容：①进一步确认风险影响；②制定风险应对策略措施；③研究风险应对技巧和工具；④执行风险行动计划；⑤提出风险防范和监控建议。

三、风险应对的计划编制

（一）计划编制依据

风险应对的计划编制必须要充分考虑风险的严重性、应对风险所花费用的有效性、采取措施的适时性以及和建设项目环境的适应性等。一般来讲，针对某一风险通常先制定几个备选的应对策略，然后从中选择一个最优的方案，或者进行组合使用。建设项目风险应对计划编制的依据主要有以下几个方面。

1. 风险管理计划

风险管理计划是规划和设计如何进行建筑工程施工项目风险管理的文件。该文件详细地说明了风险识别、风险分析、风险评估和风险控制过程的所有方面以及风险管理方法、岗位划分和职责分工、风险管理费用预算等。

2. 风险清单及其排序

风险清单和风险排序是风险识别和风险评估的结果，记录了建筑工程施工项目大部分风险因素及其成因、风险事件发生的可能性、风险事件发生后对建筑工程施工项目的影响、风险重要性排序等。风险应对计划的制订不可能面面俱到，应该着重考虑重要的风险，而对于不重要的风险可以忽略。

3. 项目特性

建筑工程施工项目各方面特性决定了风险应对计划的内容及其详细程度。如果该工程项目比较复杂，需要应用比较新的技术或面临非常严峻的外部环境，则需要制订详细的风险应对计划；如果工程项目不复杂，有相似的工程项目数据可供借鉴，则风险应对计划可以相对简略一些。

4. 主体抗风险能力

主体抗风险能力可概括为两方面：一方面是决策者对风险的态度及其承受风险的心理能力；另一方面是建筑工程施工项目参与方承受风险的客观能力，如建设单位的财力、施工单位的管理水平等。主体抗风险能力直接影响工程项目风险应对措施的选择，相同的风险环境、不同的项目主体或不同的决策者有时会选择截然不同的风险应对措施。

5. 可供选择的风险应对措施

对于具体风险，有哪些应对措施可供选择以及如何根据风险特性、建筑工程施工项目特点及相关外部环境特征选择最有效的风险应对措施，是制订风险应对计划要做的非常重要的工作。

（二）计划编制内容

建筑工程施工项目风险应对计划是在风险分析工作完成之后制订的详细计划。不同的项目，风险应对计划内容不同，但是，至少应当包含如下内容：

（1）所有风险来源的识别以及每一来源中的风险因素；

（2）关键风险的识别以及关于这些风险对于实现项目目标所产生的影响说明；

（3）对于已识别出的关键风险因素的评估，包括从风险估计中摘录出来的发生概率以及潜在的破坏力；

（4）已经考虑过的风险应对方案及其代价；

（5）建议的风险应对策略，包括解决每一项风险的实施计划；

（6）各单独应对计划的总体综合，以及分析过风险耦合作用可能性之后制订出的其他风险应对计划；

（7）对项目风险形势估计、风险管理计划和风险应对计划三者进行综合之后的总策略；

（8）实施应对策略所需资源的分配，包括关于费用、时间进度及技术考虑的说明；

（9）风险管理的组织及其责任，是指在建筑工程施工项目中确定的风险管理组织，以及负责实施风险应对策略的人员和职责；

（10）开始实施风险管理的日期、时间安排和关键的里程碑；

（11）成功的标准，即何时可以认为风险已被规避，以及待使用的监控办法；

（12）跟踪、决策以及反馈的时间，包括不断修改、更新需优先考虑的风险一览表计划和各自的结果；

（13）应急计划，就是预先计划好的，一旦风险事件发生就付诸实施的行动步骤和应急措施；

（14）对应急行动和应急措施提出的要求；

（15）建筑工程施工项目执行组织高层领导对风险规避计划的认同和签字。

风险应对计划是整个建筑工程施工项目管理计划的一部分，其实施并无特殊之处。按照计划取得所需的资源，实施时要满足计划中确定的目标，事先把工程项目不同部门之间在取得所需资源时可能发生的冲突寻找出来，任何与原计划不同的决策都要记录在案。落实风险应对计划，行动要坚决，如果在执行过程中发现工程项目风险水平上升或未像预期的那样降下来，则须重新制订计划。

四、风险应对的方法

（一）风险减轻

1. 风险减轻的内涵

风险减轻，又称风险缓解或风险缓和，是指将建筑工程施工项目风险的发生概率或后果降低到某一可以接受的程度。风险减轻的具体方法和有效性在很大程度上依赖于风险是已知风险、可预测风险还是不可预测风险。

对于已知风险，风险管理者可以采取相应措施加以控制，可以动用项目现有资源降低风险的严重后果和风险发生的频率。例如，通过调整施工活动的逻辑关系，压缩关键路线上的工序持续时间或加班加点等来减轻建筑工程施工项目的进度风险。

可预测风险和不可预测风险是项目管理者很少或根本不能控制的风险，有必要采取迂回的策略，包括将可预测和不可预测风险变成已知风险，把将来的风险"移"到现在。例如，将地震区待建的高层建筑模型放到震台上进行强震模拟试验就可降低地震时风险发生的概率；为减少引进设备在运营时的风险，可以通过详细的考察论证、选派人员参加培训、精心安装、科学调试等来降低不确定性。

在实施风险减轻策略时，最好将建筑工程施工项目每一个具体"风险"都减轻到可接受水平。各具体风险水平降低了，建设项目整体风险水平在一定程度上也就降低了，项目成功的概率就会增加。

2. 风险减轻的方法

在制定风险减轻措施时必须依据风险特性，尽可能将建设项目风险降低到可接受水平，常见的途径有以下几种。

（1）减少风险发生的概率。通过各种措施降低风险发生的可能性是风险减轻策略的重要途径，通常表现为一种事前行为。例如，施工管理人员通过加强安全教育和强化安全措施，减少事故发生的概率；承包商通过加强质量控制，降低工程质量不合格或由质量事故引起的工程返工的可能性。

（2）减少风险造成的损失。减少风险造成的损失是指在风险损失不可避免要发生的情况下，通过各种措施以遏制损失继续扩大或限制其扩展的范围。例如：当工程延期时，可以调整施工组织工序或增加工程所需资源进行赶工；当工程质量事故发生时，可以采取结构加固、局部补强等技术措施进行补救。

（3）分散风险。分散风险是指通过增加风险承担者来达到减轻总体风险压力的措施。例如，联合体投标就是一种典型的分散风险的措施。该投标方式是针对大型工程，由多家实力雄厚的公司组成一个投标联合体，发挥各承包商的优势，增强整体的竞争力。如果投标失败，则造成的损失由联合体各成员共同承担；如果中标了，则在建设过程中的各项政治风险、经济风险、技术风险也同样由联合体共同承担，并且，由于各承包商的优势不同，很可能有些风险会被某承包商利用并转化为发展的机会。

（4）分离风险。分离风险是指将各风险单位分离间隔，避免发生连锁反应或相互牵连。例如，在施工过程中，将易燃材料分开存放，避免出现火灾时其他材料遭受损失的可能。

（二）风险预防

1. 风险预防的内涵

风险预防是指采取技术措施预防风险事件的发生，是一种主动的风险管理策略，常分为有形和无形两种手段。

2. 风险预防的方法

（1）有形手段。

工程法是一种有形手段，是指在工程建设过程中，结合具体的工程特性采取一定的工程技术手段，避免潜在风险事件发生。例如，为了防止山区区段山体滑坡危害高速公路过往车辆和公路自身，可采用岩锚技术锚固松动的山体，增加因开挖而破坏了的山体稳定性。

用工程法规避风险具体有下列多种措施。

①防止风险因素出现。

在建筑工程施工项目实施或开始活动前，采取必要的工程技术措施，避免风险因素的发生。例如，在基坑开挖的施工现场周围设置栅栏，洞口临边设防护栏或盖板，警戒行人或者车辆不要从此处通过，以防止发生安全事故。

②消除已经存在的风险因素。

施工现场若发现各种用电机械和设备增多，及时果断地换用大容量变压器就可以降低其烧毁的风险。

③将风险因素同人、财、物在时间和空间上隔离。

风险事件引起风险损失的原因在于某一时间内，人、财、物或者他们的组合在其破坏力作用的范围之内，因此，将人、财、物与风险源在空间上隔开，并避开风险发生的时间，这样可有效地规避损失和伤亡。例如，移走动火作业附近的易燃物品，并安放灭火器，避免潜在的安全隐患发生。

工程法的特点：一是每种措施总与具体的工程技术设施相联系，因此，采用此方法规避风险成本较高；二是任何工程措施均是由人设计和实施的，人的素质在其中起决定作用；三是任何工程措施都有其局限性，并不是绝对地可靠或安全，因此，工程法要同其他措施结合起来利用，以达到最佳的规避风险效果。

（2）无形手段。

无形手段包括教育法和程序法。

①教育法。

教育法是指通过对建筑工程施工项目人员广泛开展教育，提高参与者的风险意识，使其认识到工作中可能面临的风险，了解并掌握处置风险的方法和技术，从而避免未来潜在工程风险的发生。建筑工程施工项目风险管理的实践表明，项目管理人员和操作人员的行为不当是引起风险的重要因素之一，因此，要防止与不当行为有关的风险，就必须对有关人员进行风险和风险管理教育。教育内容应该包含有关安全、投资、城市规划、土地管理及其他方面的法规、规范、标准和操作规程、风险知识、安全技能等。

②程序法。

程序法是指通过具体的规章制度制定标准化的工作程序，对建筑工程施工项目活动进行规范化管理，尽可能避免风险的发生和造成的损失。例如，我国长期坚持的基本建设程序，反映了固定资产投资活动的基本规律。实践表明，不按此程序办事，就会犯错误，就会造成浪费和损失。所以要从战略上减轻建筑工程施工项目的风险，就必须遵循基本建设程序。再如，塔吊操作人员需持证上岗并严格按照操作规程进行工作。

预防策略还可在建筑工程施工项目的组成结构上下功夫，例如，增加可供选用的行动方案数目、为不能停顿的施工作业准备备用的施工设备。此外，合理地设计项目组织形式也能有效预防风险，例如，项目发起单位在财力、经验、技术、管理、人力或其他资源方面无力完成项目时，可以同其他单位组成合营体，预防自身不能克服的风险。

使用预防策略需要注意的是，在建筑工程施工项目的组成结构或组织中加入多余的部分，同时也增加了项目或项目组织的复杂性，提高了项目成本，进而增加了风险。

（三）风险转移

1. 风险转移的内涵

风险转移，又称为合伙分担风险，是指在不降低风险水平的情况下，将风险转移至参与该项目的其他人或其他组织。风险转移是建设项目管理中广泛应用的风险应对方法，其目的不是降低风险发生的概率和减轻不利后果，而是通过合同或协议，在风险事故一旦发生时将损失的一部分转移到有能力承受或控制项目风险的个人或组织。

2. 风险转移的方法

风险转移通常有两种途径。

第一种是保险转移，即借助第三方——保险公司来转移风险。该途径需要花费一定的费用将风险转移给保险公司，当风险发生时获得保险公司的补偿。同其他风险规避策略相比，工程保险转移风险的效率是最高的。

第二种风险转移的途径是非保险转移，是通过转移方和被转移方签订协议进行风险转移的。建筑工程施工项目风险常见的非保险转移包括出售、合同条款、担保和分包等方法。

（1）出售。

该方法是指通过买卖契约将风险转移给其他单位，因此，卖方在出售项目所有权的同时也就把与之有关的风险转移给了买方。例如，项目可以通过发行股票或债券筹集资金。股票或债券的认购者在取得项目的一部分所有权时，也同时承担了一部分项目风险。

（2）合同条款。

合同条款是建筑工程施工项目风险管理实践中采用较多的风险转移方式之一。这种转移风险的实质是利用合同条件来开脱责任，在合同中列入开脱责任条款，要求对方在风险事故发生时，不要求自身承担责任。例如，在国际咨询工程师联合会的土木工程施工合同条件中这样规定："除非死亡或受伤是由于业主及其代理人或雇员的任何行为或过失造成的，业主对承包商或任何分包商雇佣的任何工人或其他人员损害赔偿或补偿支付不承担责任……"，这一条款的实质是将施工中的安全风险完全转移给了承包商。

（3）担保。

担保是指为他人的债务、违约或失误负间接责任的一种承诺。在建筑工程施工项目管理上是指银行、保险公司或其他非银行金融机构为项目风险负间接责任的一种承诺。当然，为了取得这种承诺，承包商要付出一定的代价，但这种代价最终要由项目业主承担。在得到这种承诺后，当项目出现风险时就可以直接向提供担保的银行、保险公司或其他非金融机构获得。

目前，我国工程建设领域实施的担保内容主要包括：承包商需要提供的投标担保、履约担保、预付款担保和保修担保，业主需要提供的支付担保以及承包商和业主都应进一步向担保人提供的反担保。其中，支付担保是我国特有的一种担保形式，是针对当前业主拖欠工程款现象而设置的，当业主不履行支付义务时，则由保证人承担支付责任。

（4）分包。

分包是指在工程建设过程中，从事工程总承包的单位将所承包的建设工程的一部分依法发包给具有相应资质的承包单位的行为，该总承包人并不退出承包关系，其与分包商就其所完成的工作成果向发包人承担连带责任。

建设工程分包是社会化大生产条件下专业化分工的必然结果，例如，我国三峡水利项目，投资规模巨大，包括土建工程、建筑安装工程、大型机电设备工程、大坝安全检测工程等许多专业工程。任何一家建筑公司都不可能独自承揽这么大的项目，因此有必要选择分包单位进行分包。

（四）风险回避

1. 风险回避的内涵

风险回避是指当建筑工程施工项目风险潜在威胁发生可能性太大，不利后果也太严重，又无其他策略可用时，主动放弃项目或改变工程项目目标与行动方案，从而规避风险的一种策略。

如果通过风险评价发现工程项目的实施将面临巨大的威胁，项目管理班子又没有别的办法控制风险，甚至保险公司也认为风险太大，拒绝承保，这时就应该考虑放弃建筑工程施工项目的实施，避免巨大的人员伤亡和财产损失。

2. 风险回避的方法

风险回避是一种最彻底地消除风险影响的策略。风险回避采用终止法，是指通过放弃、中止或转让项目来回避潜在风险的发生。

（1）放弃项目。

在建筑工程施工项目开始实施前，如果发现存在较大的潜在风险，且不能采用其他策略规避该风险时，则决策者就需要考虑放弃项目。例如，某大型建筑施工企业拟投标某国际工程，经调查研究发现，该工程所在国家政治风险过大，因此主动拒绝了该建设项目业主的招标邀请。

（2）中止项目。

在建筑工程施工项目实施过程中，如果预见到自身无法承担的风险事件将发生，决策者就应立即停止该项目的实施。例如，在国际工程施工过程中，若发现该国出现频繁的罢工、动乱，社会治安越来越差，应立即停止在该国的施工项目，从而避免由此引起的人员和财产的损失。

（3）转让项目。

当企业战略有重大调整或出现其他重大事件影响建筑工程施工项目实施时，单纯地放弃或中止项目会造成巨大损失，因此，需要考虑采取转让项目的方式规避损失。另外，不同的企业有不同的优势，对自身来说是重大风险的可能对其他企业来说却不是，因此，在面临可能带来巨大损失的风险事件时，应考虑转让工程项目的策略。

（五）风险自留

1. 风险自留的内涵

风险自留是指建筑工程施工项目主体有意识地选择自己承担风险后果的一种风险应对策略。风险自留是一种风险财务技术，项目主体明知可能会发生风险，但在权衡了其他风险应对策略后，处于经济性和可行性考虑，仍将风险自留，若风险损失真的出现，则依靠项目主体自己的财力去弥补。

风险自留分主动风险自留和被动风险自留两种。主动风险自留是指在风险管理规划阶段已经对风险有了清楚的认识和准备，主动决定自己承担风险损失的行为。被动风险自留是指项目主体在没有充分识别风险及其损失，且没有考虑其他风险应对策略的条件下，不得不自己承担损失后果的风险应对方式。

2. 风险自留的方法

当项目主体决定采取风险自留后，需要对风险事件提前做一些准备，这些准备称为风险后备措施，主要包括费用、进度和技术三种措施。

（1）费用后备措施。

费用后备措施主要是指预算应急费，是事先准备好用于补偿差错、疏漏及其他不确定性对建筑工程施工项目费用估计产生不精确影响的一笔资金。

预算应急费在建筑工程施工项目预算中要单独列出，不能分散到具体费用项目下，否则，建设项目管理班子就会失去对这笔费用的控制。另外，预算人员也不能由于心中无数而在各个具体费用项目下盲目地进行资金的预留，否则会导致预算估价过高而失去中标的机会或使不合理的预留以合法的名义白白花出去。

　　预算应急费一般分为实施应急费和经济应急费两种。实施应急费用于补偿估价和实施过程中的不确定性，可进一步分为估价质量应急费和调整应急费。估价质量应急费主要用于弥补建设项目目标不明确、工作分解结构不完全和不确切、估算人员缺乏经验和知识、估算和计算有误差等造成的影响；调整应急费主要用于支付调整期间的各项开支，如系统调试、更换零部件、零部件的组装和返工等。经济应急费用于对付通货膨胀和价格波动，分为价格保护应急费和涨价应急费。价格保护应急费用于补偿估算项目费用期间询价中隐量的通货膨胀因素；涨价应急费是在通货膨胀严重或价格波动厉害时期，供应单位无法或不愿意为未来的订货报固定价时所预留的资金。价格保护应急费和涨价应急费需要一项一项地分别计算，不能作为一笔总金额加在建设项目估算上，因为各种不同货物的价格变化规律不同，不是所有的货物都会涨价。

　　（2）进度后备措施。

　　对于建筑工程施工项目进度方面的不确定因素，项目各方一般不希望以延长时间的方式来解决。因此，项目管理班子就要设法制订一个较紧凑的进度计划，争取在项目各方要求完成的日期之前完成项目。从网络计划的观点来看，进度后备措施就是通过压缩关键路线各工序时间，以便设置一段时差或者浮动时间，即后备时差。

　　压缩关键路线各工序时间有两大类办法：减少工序（活动）时间或改变工序间的逻辑关系。一般来说，这两种方法都要增加资源的投入，甚至带来新的风险，因此，应用时需要仔细斟酌。

　　（3）技术后备措施。

　　技术后备措施专门用于应付项目的技术风险，是一段预先准备好了的时间或资金。一致来说，技术后备措施用上的可能性很小，只有当不大可能发生的事件发生并需要采取补救行动时，才动用技术后备措施。技术后备措施分两种情况：技术应急费和技术后备时间。

　　①技术应急费。对于项目经理来说，最好在项目预算中投入足够的资金以备不时之需。但是，项目执行组织高层领导却不愿意为不大可能用得上的措施投入资金。由于采取补救行动的可能性不大，所以技术应急费应当以预计的补救行动费与它发生的概率之积来计算。这时，项目经理就会遇到下面的问题：如果项目始终不需要动用技术应急费，则项目经理手上就会多出这笔资金；但一旦发生技术风险，需要动用技术后备措施时，这笔资金又不够。

　　这一问题的解决的方法是：技术应急费不列入项目预算而是单独提出来，放到公司管理备用金账上，由项目执行组织高层领导控制。同时公司管理备用金账上还有从其他项目提取出的各种风险基金，这就好像是各个项目向公司缴纳的保险费。这样的做法好处：一是公司领导高层可以由此全面了解全公司各项目班子总共承担了多大风险；二是一旦真出现了技术风险，公司高层领导很容易批准动用这笔从各项目集中上来的资金；三是可以避免技术应急费被挪作他用。

②技术应急时间。为了应对技术风险造成的进度拖延，应该事先准备好一段备用时间。不过，确定备用时间要比确定技术应急费复杂。一般的做法是在进度计划中专设一个里程碑，提醒项目管理班子：此处应当留意技术风险。

（六）风险利用

1. 风险利用的内涵

应对风险不仅只是回避、转移、预防、减轻风险，更高一个层次的应对措施是风险利用。

根据风险定义可知，风险是一种消极的、潜在的不利后果，同时也是一种获利的机会。也就是说，并不是所有类型的风险都会带来损失，其中有些风险只要正确处置是可以被利用并产生额外收益的，这就是所谓的风险利用。

风险利用仅对投机风险而言，原则上，投机风险大部分有被利用的可能，但并不是轻易就能取得成功，因为投机风险具有两面性，有时利大于弊，有时相反。风险利用就是促进风险向有利的方向发展。

当考虑是否利用某投机风险时，首先，应分析该风险利用的可能性和利用的价值；其次，必须对利用该风险所需付出的代价进行分析，在此基础上客观地检查和评估自身承受风险的能力。如果得失相当或得不偿失，则没有承担的意义；或者效益虽然很大，但风险损失超过自己的承受能力，也不宜硬性承担。

2. 风险利用的策略

当决定采取风险利用策略后，风险管理人员应制定相应的具体措施和行动方案，一方面，既要考虑充分利用、扩大战果的方案，又要考虑退却的部署，毕竟投机风险具有两面性。在实施期间，不可掉以轻心，应密切监控风险的变化，若出现问题，要及时采取转移或缓解等措施；若出现机遇，要当机立断，扩大战果。

另一方面，在风险利用过程中，需要量力而行。承担风险要有实力，而利用风险则对实力有更高的要求，既要有驾驭风险的能力，又要有将风险转化为机会或利用风险创造机会的能力，这是由风险利用的目的所决定的。

第五节　建筑工程施工项目的风险监控

一、风险监控的含义

风险监控就是通过对风险规划、识别、分析、评估、应对等全过程的监视和控制，从而保证风险管理能达到预期的目标，它是建筑工程施工项目实施过程中的一项重要工作。监控风险实际上是监视工程项目的进展和项目环境，即工程项目情况的变化，其目的是核对风险管理策略和措施的实际效果是否与预见的相同，寻找机会改善和细化风险规避计划，获取反馈信息，以便将来的决策更符合实际。

建筑工程施工项目风险监控是建立在工程项目风险的阶段性、渐进性和可控性基础之上的一种项目管理工作。在风险监控过程中，及时发现那些新出现的以及预先制定的策略或措施不见效或性质随着时间的推延而发生变化的风险，然后及时反馈，并根据对项目的影响程度，重新进行风险规划、识别、分析、评估和应对，同时还应对每一种风险事件制定成败标准和判据。

二、风险监控的方法

通过项目风险监视，不但可以把握建筑工程施工项目风险的现状，而且还可以了解建筑工程施工项目风险应对措施的实施效果、有效性以及出现了哪些新的风险事件。在风险监视的基础上，则应针对发现的问题，及时采取措施，这些措施包括权变措施、纠正措施以及项目变更申请或建议等。

（一）权变措施

风险控制的权变措施（Workaround），即未事先计划或考虑到的应对风险的措施。工程项目是一个开放性的系统，建设环境较为复杂，有许多风险因素在风险计划时考虑不到，或者对其没有充分的认识，因此，对其的应对措施可能会考虑不足，或者事先根本就没有考虑，而在风险监控时才发现了某些风险的严重性甚至是一些新的风险。若在风险监控中面对这种情况，就要求管理人员能随机应变，提出应急应对措施。同时，必须对这些措施进行有效记录，并纳入项目和风险应对计划之中。

（二）纠正措施

纠正措施（Corrective Action）是为使建筑工程施工项目未来预计绩效与原定计划一致所做的变更。借助风险监视的方法，管理者可以发现被监视建筑工程施工项目风险的发展变化，或是否出现了新的风险。若监视结果显示，工程项目风险的变化在按预期发展，风险应对计划也在正常执行，这表明风险计划和应对措施均在有效地发挥作用。若一旦发现工程项目列入控制的风险在进一步发展或出现了新的风险，则应对项目风险做深入分析的评估，并在找出引发风险事件影响因素的基础上，及时采取纠正措施（包括实施应急计划和附加应急计划）。

（三）项目变更申请

项目变更请求（Change Requests），如提出改变建筑工程施工工程项目的范围、改变工程设计、改变实施方案、改变项目环境、改变工程费用和进度安排的申请。一般而言，如果频繁执行应急计划或权变措施，则需要对工程项目计划进行变更以应对项目风险。

在建筑工程项目施工阶段，在合同的环境下，项目变更也称工程变更。当业主、监理单位、设计单位、承包商中的任何一方认为原设计图纸、技术规范、施工条件、施工方案等方面不适应项目目标的实现或可能会出现风险时，均可向监理工程师提出变更要求或建议，但该申请或建议一般要求是书面的。工程变更申请书或建议书包括以下主要内容：①变更的原因及依据；②变更的内容及范围；③变更引起的合同价的增加或减少；④变更引起的合同期的提前或延长；⑤为审查所必须提交的附图及其计算资料等。

工程变更申请一般由监理工程师组织审查。监理工程师对工程变更申请书或建议书进行审查时，应与业主、设计单位、承包商充分协商，对变更项目的单价和总价进行估算，分析因变更引起的该项工程费用增加或减少的数额，以及分析工程变更实施后对控制项目的纯风险所产生的效果。工程变更一般应遵循的原则有：

（1）工程变更的必要性与合理性；

（2）变更后不降低工程的质量标准，不影响工程竣工验收后的运行与管理；

（3）工程变更在技术上必须可行、可靠；

（4）工程变更的费用及工期是经济合理的；

（5）工程变更尽可能不对后续施工在工期和施工条件上产生不良影响。

（四）风险应对计划更新

风险是一种随机事件，可能发生，也可能不发生；风险发生后的损失可能不太严重，比预期的要小，也可能损失较严重，比预期的要大。通过风险监视和采取应对措施，可能会减少一些已识别风险的出现概率和后果。因此，在风险监控的基础上，有必要对项目的各种风险重新进行评估，将项目风险的次序重新进行排列，对风险的应对计划也进行相应更新，以使新的和重要的风险能得到有效的控制。

三、风险监控的过程

作为项目风险管理的一个有机组成部分，项目风险监控也是一个系统过程活动。项目风险监控的步骤与内容如图 2-2 所示。

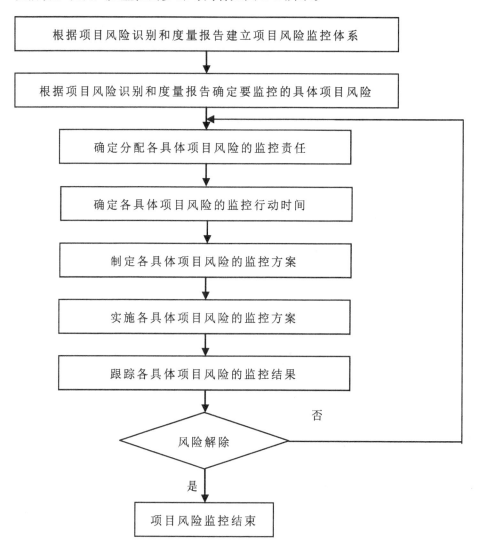

图 2-2　风险监控过程

项目风险监督与控制中各具体步骤的内容与做法分别说明如下。

1. 建立项目风险事件监控体制

这是指在建筑工程施工项目开始之前要根据项目风险识别和度量报告所

给出的项目风险信息，制定出整个项目风险监控的大政方针、项目风险监控的程序以及项目风险监控的管理体制。这包括项目风险责任制、项目风险信息报告制、项目风险控制决策制、项目风险监控的沟通程序等。

2. 确定要监控的具体项目风险

这一步是根据建筑工程施工项目风险识别与度量报告所列出的各种具体项目风险确定对哪些项目风险进行监控、对哪些项目风险采取容忍措施并放弃对它们的监控。通常这需要按照具体项目风险和项目风险后果的严重程度，以及项目风险发生概率和项目组织的风险监控资源等情况确定。

3. 确定分配各具体项目风险的监控责任

这是分配和落实项目具体风险监控责任的工作。所有需要监控的项目风险都必须有具体负责监控的人员，同时要规定他们所负的具体责任。对于项目风险监控工作必须要由专人负责，不能多人负责，也不能由不合适的人去担负风险事件监控的责任，因为这样会造成大量的时间与资金的浪费。

4. 确定各具体项目风险的监控行动时间

这是指对建筑工程施工项目风险的监控要制订相应的时间计划和安排，计划和规定出解决项目风险问题的时间表与时间限制。因为没有时间安排与限制，多数项目风险问题是不能有效地加以监控的。许多由于项目风险失控所造成的损失都是因为错过了项目风险监控的时机而造成的，所以必须制订严格的项目风险监控时间计划。

5. 制定各具体项目风险的监控方案

这一步由负责具体项目风险监控的人员，根据建筑工程施工项目风险的特性和时间计划执行。在这一步骤中，要找出能够监控项目风险的各种备选方案，然后要对方案做必要的可行性分析，以验证各项目风险监控备选方案的效果，最终选定要采用的风险监控方案或备用方案。另外还要针对风险的不同阶段制定不同阶段使用的风险监控方案。

6. 实施各具体项目风险监控方案

这一步是要按照选定的具体建筑工程施工项目风险监控方案开展项目风险监控的，必须根据项目风险的发展与变化不断地修订项目风险监控方案与办法。对于某些项目风险而言，风险监控方案的制定与实施几乎是同时的。例如，设计制定一条新的关键路径并计划安排各种资源去防止和解决工程项目拖延问题的方案就是如此。

7. 跟踪各具体项目风险的监控结果

这一步的目的是要收集风险事件监控工作的信息并给出反馈，即利用跟踪去确认所采取的项目风险监控活动是否有效，建筑工程施工项目风险的发展是否有新的变化等。这样就可以不断地提供反馈信息，从而指导项目风险控制方案的具体实施。这一步是与实施具体项目风险控制方案同步进行的。通过跟踪给出的项目风险控制工作信息，再根据这些信息去改进具体项目风险控制方案及其实施工作，直到对风险事件的控制完结为止。

8.判断项目风险是否已经消除

如果认定某个项目风险已经解除，则该具体项目风险的监控作业就已经完成了。若判断该项目风险仍未解除，就需要重新进行项目风险识别。这需要重新使用项目风险识别的方法对项目具体活动的风险进行新一轮的识别，然后重新按本方法的全过程开展下一步的项目风险监控作业。

四、风险监控的方法

（一）挣值分析法

挣值分析法又称为赢得值法或费用偏差分析法。该方法是建筑工程施工项目实施中使用较多的一种方法，是对工程项目进度和费用进行综合控制的一种有效方法。

挣值分析法的核心是将项目在任一时间的计划指标、完成状况和资源耗费综合度量。将进度转化为货币或人工时，工程量如钢材吨数、水泥立方米、管道米数或文件页数。

挣值分析法的价值在于将项目的进度和费用综合度量，从而能准确描述工程项目的进展状态。挣值分析法的另一个重要优点是可以预测工程项目可能发生的工期滞后量和费用超支量，从而及时采取纠正措施，为建筑工程施工项目管理和控制提供有效手段。

挣值分析法的基本参数有三个，具体如下。

（1）预算费用（BCWS，Budgeted Cost for Work Scheduled），计算公式为 BCWS= 计划工作量 × 预算定额。BCWS 主要是反映进度计划应当完成的工作量（用费用表示）。BCWS 是与时间相联系的，当考虑资金累计曲线时，其是项目预算 S 曲线上的某一点的值。当考虑某一项作业或某一时间段时，例如某一月份，BCWS 是该作业或该月份包含作业的预算费用。

（2）已完成工作量的实际费用（ACWP，Actual Cost for Work Performed）。ACWP 是指项目实施过程中某阶段实际完成的工作量所消耗的费用，主要反映项目执行的实际消耗指标。

（3）已完工作量的预算成本（BCWP，Budgeted Cost for Work Performed），或称挣值、盈值和挣得值。BCWP 是指项目实施过程中某阶段按实际完成工作量和预算定额计算出来的费用，即挣得值（Earned Value）。BCWP 的计算公式为：BCWP= 已完工作量 × 预算定额。BCWP 的实质内容是将已完成的工作量用预算费用来度量。

差值（BCWP—ACWP）叫作费用偏差，（BCWP—ACWP）大于 0 时，表示项目未超支；差值（BCWP—BCWS）叫作进度偏差，（BCWP—BCWS）大于 0 时，表示项目进度提前。

（二）审核检查法

审核检查法是一种传统的控制方法，该方法可用于建筑工程施工项目的全过程，从项目建议书开始，直至项目结束。项目建议书、项目产品或服务的技术规格要求、项目的招标文件、设计文件、实施计划、必要的试验等都需要审核。审核时要查出错误、疏漏、不准确、前后矛盾、不一致之处。审核还会发现以前或他人未注意的或未考虑到的问题。审核多在项目进展到一定阶段时，以会议形式进行。

检查是在建筑工程施工项目实施过程中进行的，是为了把各方面的反馈意见及时通知有关人员，一般以完成的工作成果为研究对象，包括项目的设计文件、实施计划、试验计划、试验结果、正在施工的工程、运到现场的材料、设备等。

（三）其他方法

1. 定期评估

风险等级和优先级可能会随着建筑工程施工项目生命周期而发生变化，因此有必要对风险进行新的评估和量化。项目风险评估应该定期进行。

2. 技术度量

技术度量指的是在建筑工程施工项目执行过程中的技术完成情况与原定项目计划进度的差异。如果有偏差，比如没有达到某一阶段规定的要求，则可能意味着在完成项目预期目标上有一定风险。

3. 附加应对计划

如果该风险事先未曾预测到，或其后果比事先预期的严重，则事先计划好的应对措施可能不足以应对，因而需要附加应对计划。

4. 独立风险分析

采用专门的风险管理机构，该机构来自建设项目管理团队之外，可能对项目风险的评估更独立、更公正。

第三章 建筑工程施工项目风险评价技术

风险评价是建筑工程施工项目风险管理中的重要环节，在风险评价环节下，能够通过一定的评价方法对建筑工程施工项目中存在的风险进行计算，并将计算的结果与既定的风险评价标准进行比较，从而确定建筑工程施工项目的风险水平。风险评价是建筑工程施工项目风险管理的依据，能够使项目管理者对项目风险有一个全面的认识，并根据风险评价等级，做出针对性的风险管理。

第一节 建筑工程施工项目风险评价的理论研究

一、风险评价的内涵

建筑工程施工项目风险评价是工程项目风险分析的最终目的，是项目风险管理最为重要的一步，它是通过使用某些评价方法将计算出来的建筑工程施工项目风险值与既定的风险评价标准进行比较来确定其风险水平的过程。其内涵包括以下几点。

（1）建筑工程施工项目风险评价不只是针对单个风险，更是针对项目整体风险水平，风险评价结果能够为风险管理者全面地认识该工程项目的风险形势提供依据，从而便于风险管理者制定出风险应对决策。

（2）建筑工程施工项目风险评价能够通过评价方法计算出各风险值，确定和区分各风险因素的风险水平，并可以根据风险值大小将风险因素排序，使风险管理者在进行风险处理和风险监控时能够做到有的放矢、重点突出，能把有限的资源与精力投入最需要解决的重大风险上来，从而使风险管理的效率得到极大的提高。

（3）建筑工程施工项目风险评价为风险处理和风险监控提供了依据。合理配置有限的风险管理资源需要有准确的风险评价值。全面而准确的风险评价能够实现以最小的风险管理成本获得最高的风险管理效益的目标。

二、风险评价的依据

在现代社会生活中，建筑工程施工项目风险评价的主要依据有下以几点。

（1）建筑工程施工项目风险管理规划设计方案。书面呈现建筑工程施工项目风险管理者对项目风险的整体规划。

（2）建筑工程施工项目风险识别后的书面整合报告。该报告涉及建筑工程施工项目风险识别过程、建筑工程施工项目风险分辨过程以及建筑工程施工项目风险评价过程。评价结果明确建筑工程施工项目面临风险值的大小。

（3）建筑工程施工项目发展过程中涉及的具体情况。不一样类型的建筑工程施工项目拥有不一样的发展时期，进而建筑工程施工项目风险的可预测能力也不一样，比方说在建筑工程施工项目发展之初，建筑工程施工项目风险发生的频率不会很高，伴随时间的推移，建筑工程施工项目产生风险的概率就会逐渐上升。所以，必须明确建筑工程施工项目进展状况，便于重新确认各风险的影响程度和权重大小。

（4）建筑工程施工项目风险类型。不同类型的建筑工程施工项目承受的不确定性的风险也不同，通常情况下，一般的建筑工程施工项目或者反复运作的建筑工程施工项目承载的风险不会太高，而对先进技术要求程度比较高的或者运作程序相对烦琐的建筑工程施工项目承载的风险不会太低。

（5）建筑工程施工项目调查和收集到的数据原始可靠、真实。数据的来源必须可靠，不管是来源于历史经验还是专家经验判断，必须保证风险评价数据或者信息的准确性和可靠性，这样方能保证风险评价的准确性和有效性。

三、风险评价的过程

建筑工程施工项目风险评价，一般可按下列步骤进行。

（1）确定建筑工程施工项目风险评价标准。建筑工程施工项目风险评价标准就是建筑工程施工项目主体针对不同的项目风险，确定可以接受的风险率。一般而言，对单个风险事件和建筑工程施工项目整体风险均要确定评价标准，可分别称为单个评价标准和整体评价标准。

（2）确定评价时的建筑工程施工项目风险水平。其包括单个风险水平和整体风险水平。建筑工程施工项目整体风险水平是综合了所有风险事件之后确定的。确定建筑工程施工项目整体风险水平后，总是要和建筑工程施工项目的整体评价标准相比较，因此，整体风险水平的确定方法要和整体评价标准确定的原则和方法相适应，否则两者就缺乏可比性。

（3）比较，即将建筑工程施工项目单个风险水平和单个评价标准、整体风险水平和整体评价标准进行比较，进而确定它们是否在可接受的范围内，或考虑采取什么样的风险措施。

在上述过程中，可采用定性与定量相结合的方法进行。一般来说，定量分析就是在占有比较完美的统计资料的前提下，把损失概率、损失程度及其他因素综合起来考虑，找出有关联的规律性联系，作为分析预测的重要依据。但对于不是这样的场合以及环境变化较大的场合，需要用专家法或者其他方法进行修正。

四、风险评价的作用

在建筑工程施工项目管理中，项目风险评价是一项必不可少的环节，其作用主要表现在以下几个方面。

（1）通过风险评价，确定风险大小的先后顺序。对建筑工程施工项目中各类风险进行评价，根据它们对项目目标的影响程度，包括风险出现的概率和后果，确定它们的排序，为考虑风险控制先后顺序和风险控制措施提供依据。

（2）通过风险评价，确定各风险事件间的内在联系。建筑工程施工项目中各种各样的风险事件，乍看是互不相干的，但当进行详细分析后，便会发现某一些风险事件的风险源是相同的或有着密切的关联。例如，某建设项目由于使用了不合格的材料，使承重结构强度严重达不到规定值，引发了不可预见的重大质量事故，造成了工期拖延、费用失控以及工程技术性能或质量达不到设计要求等多种后果。对这种情况，从表面上看，工程进度、费用和质量均出现了风险，但其根源只有一个，即材料质量控制不严格，在以后的管理中只要注意材料质量的控制，就可以消除此类风险了。

（3）通过风险评价，可进一步认识已估计的风险发生的概率和引起的损失，降低风险估计过程中的不确定性。当发现原估计和现状出入较大时，可根据建设项目进展现状，重新估计风险发生的概率和可能的后果。

（4）风险评价是风险决策的基础。风险决策是指决策者在风险决策环境下，对若干备选行动方案，按照某种决策准则（该决策准则包括决策者的风险态度）选择最优或满意的决策方案的过程。因此，风险评价是风险决策的基础。例如，承包商对建筑工程施工项目施工总承包，和分项施工承包相比，存在较多的不确定性，即具有较大的风险性，如对某些子项目没有施工经验，但如果总承包商把握机会，将部分不熟悉的施工子项目分包给某一个有经验的专业施工队伍，对总包而言，这可能会获得更多的利润。当然还要注意到，原认为是机会的东西，在某些条件下也可能会转化为风险。

第二节　建筑工程施工项目风险评价的指标

一、风险评价指标概述

评价指标就是评价因子。在评价过程中，人们要对被评价对象的各个方面或各个要素进行评价，而指向这些方面或要素的概念就是评价指标。建筑工程施工项目风险评价指标一般包括以下四个构成要素。

（1）指标名称。指标名称是说明所反映施工风险因素特征的性质和内容。

（2）指标定义。指标定义是指标内容的操作性定义，用于揭示施工风险评价指标的关键可变特征。

（3）标志。评价的结果通常表现为将某种行为、结果或特征划归到若干个级别之一。评价指标中用于区分各个级别的特征规定就是施工风险评价指标的标志。

（4）标度。标度用于对标志所规定的各个级别包含的范围做出规定，或者说，标度是用于揭示各级别之间差异的规定。

施工风险评价指标的标志和标度是一一对应的。标志和标度就好比一把尺子上的刻度和规定刻度的标准，因此，往往将二者统称为施工风险评价中的评价尺度。根据标志和标度的不同形式，评价尺度存在多种具体的表现形式。实际上，可以将标志理解为简化的标度。为了将评价工具统一化，人们在针对不同指标设计不同标度的基础上，规定统一的标志，以便于进行综合统计。在这种情况下，标志和标度是可以区分开来的。但是，当标度本身就较为简单时，标志和标度往往合二为一。区分不同评价尺度的关键并不在于是否同时具有标志和标度，而在于评价尺度以什么样的形式规定了评价所应依据的标准。

因此，将评价尺度分为下列四种。

（1）量词式的评价尺度。这种评价尺度采用带有程度差异的名词、副词、形容词等词组表示不同的等级水平。比如"好""较好""一般""较差""差"。

（2）等级式的评价尺度。这种评价尺度使用一些能够体现等级顺序的字词、字母或数字表示不同的评价等级。比如"优""良""中""差"。

（3）数量式的评价尺度。数量式的评价尺度是用具有量的意义的数字表示不同的等级水平。

（4）定义式的评价尺度。如果指标的评价尺度中规定了定义式的标度，就将这种评价指标的尺度称为定义式的评价尺度。

二、风险评价指标确定的原则

工程项目的风险评价指标体系，就是对工程项目中的风险因素进行识别，并将引起风险的复杂因素分解成比较简单的、容易被识别的基本单元，从错综复杂的关系中找出因素间的本质联系，构建成具有内在结构的有机整体。

科学合理的工程项目风险评价指标体系的构建能够有效地指导工程项目的风险管理，对整个工程项目的实践活动的顺利进行十分重要，因此在科学合理地构建工程项目风险评价体系时，需要坚持以下原则。

1. 全面性、科学性原则

工程项目风险评价体系需要对整个工程项目的全部风险因素进行考虑。只有全面地考虑到整个工程项目的所有风险，才有可能做到对风险的全面防控，才有可能对工程项目的各项决策做出正确的判断。同时，对评价指标的设计，不单要全面，更要科学。科学的评价指标能够对风险管理提供有效的帮助，否则可能出现加重工作任务或是防控重点不突出等问题。科学合理地构建评价指标体系能够保障工程项目的顺利进行，并提高风险防控的效率。

2. 灵活性原则

工程项目具有唯一性的特点，由于各个项目的类型、状况存在差异，对该工程项目进行评估的指标设置也是不一样的，所以在对工程项目进行风险指标体系构建时，不可照抄照搬，要以需要评价的工程项目为出发点，进行详细的分析验证，对项目风险评价指标体系设置要能够具体问题具体分析，因此建立一个合理的、具有灵活性的评价指标体系是十分复杂的过程。

3. 可操作性原则

可操作性可以从两个方面分析，首先在对风险评价指标体系的运用上，需要对整个工程项目实行，使得风险评价体系具有普遍性；其次在对评价指标的设置上要具有唯一性和可理解性，使得全体人员对指标的理解不发生偏差。如果评价指标设置简洁、明了、确定性很大，那么工程项目整个生命周期中的风险评价指标体系都能够得到实际的运用，全体人员在风险评价上都能够理解评价指标的含义，从而帮助风险评价的推广。

4. 逻辑性原则

评价指标体系是一个复杂的系统，它包括若干个子系统，所以要想在实践领域中推广应用，构建的指标体系要具有条理清楚、层次分明、逻辑性强的特点和实际可操作性。这样，工作人员就能清楚地了解工程项目的优势所在，以及工程项目在哪方面还有薄弱环节或者欠缺，有利于项目的管理层及时准确地获知项目内部存在的不足，便于各项目之间横向的比较和取舍。

5.定性、定量相结合原则

为了克服主观评价带来的不确定性和盲目性，指标体系应尽可能量化，考虑到专家的知识和经验，对那些不易量化、但意义重大的指标，也可以采用定性指标进行描述，因此要综合考虑定性和定量评价的组合。

三、风险评价指标的构建

针对已经识别出的建筑工程施工项目风险因素，需要进一步地进行分析与评价，从而了解建筑工程施工项目风险的准确情况和确切的根源，为建筑工程施工项目风险决策提供依据。在前期识别的基础上，对建筑工程施工项目风险的影响进行定量和定性分析，从而找出关键风险因素，为企业处理风险提供依据，以保证正常的企业经营和项目的实施。根据对建筑工程施工项目风险的分类，构建了建筑工程施工项目风险评价指标体系，具体如表3-1所示。

表3-1　建筑工程施工项目风险评价指标体系

目标层	准则层	方案层	因子层
一级指标	二级指标	三级指标	四级指标
建筑工程施工项目风险 U	建筑工程施工项目外部风险	自然风险 U_1	恶劣气象条件 U_{11} 恶劣现场条件 U_{12} 施工条件差 U_{13}
		政治风险 U_2	上级部门干预过多 U_{21} 政策法规变化 U_{22} 重大事故导致社会风险 U_{23}
		经济风险 U_3	资金筹措不利 U_{31} 投资环境差 U_{31} 材料价格上涨 U_{33}
	建筑工程施工项目内部风险	业主风险 U_4	项目决策失误 U_{41} 付款不及时 U_{42} 要求承包商带资承包 U_{43}
		承包商风险 U_5	施工管理技术不熟悉 U_{51} 施工设备落后 U_{52} 报价失误 U_{53} 管理水平较低 U_{54} 承包人素质差 U_{55}
		设计方风险 U_6	设计变更多 U_{61} 设计过于保守 U_{62} 设计失误 U_{63}
		监理方风险 U_7	监理组织复杂 U_{71} 监理范围遗漏 U_{72} 监理服务质量不高 U_{73}

第三节　建筑工程施工项目风险评价的方法

一、主观评分法

主观评分法就是由项目管理人员对项目运行过程中每一个阶段的每一个风险因素给予一个主观评分，然后分析项目是否可行的做法。这种分析方法更侧重于对项目风险的定性评价，它将项目中每一单个风险都赋予一个权值，例如从 0 到 10 之间的一个数。0 代表没有风险，10 代表风险最大；然后通过计算整个项目的风险并与风险基准进行比较来分析项目是否可行。另外，还可通过这种方法比较项目的每一个阶段或每种风险因素的相对风险大小程度。举例说明如下。

某项目要经过四个阶段，每个阶段的风险情况都已进行了分析，如表 3-2 所示，假定项目整体风险可接受的水平为 0.6，请分析项目是否可行，并通过比较项目各阶段的风险情况，说明项目在哪一个阶段的相对风险最大。

表 3-2　主观评分法应用举例

风险\阶段	费用风险	工期风险	质量风险	人员风险	技术风险	各阶段风险权值和	各阶段风险权重
概念阶段	5	6	3	4	4	22	0.22
开发阶段	3	7	5	5	6	26	0.26
实施阶段	4	9	7	6	6	32	0.32
收尾阶段	7	4	4	3	3	21	0.21
合计	19	26	19	18	19	101	1.01

表 3-2 中，横向上把项目的每一个阶段的五个风险权值加起来，纵向上把每种风险的权值加起来，无论是横向还是纵向都可得到项目的风险总权值。之后，计算最大风险权值和，即用表的行数乘以列数，再乘以表中最大风险权值，就可以得到最大风险权值和。用项目风险总权值除以最大风险权值和就是该项目整体风险水平。表中最大风险权值是 9，因此最大风险权值和 $=4 \times 5 \times 9=180$，全部风险权值和 $=101$，所以，该项目整体风险水平 $=101/180=0.56$。将此结果与事先给定的整体评价基准 0.6 相比说明，该项目的整体风险水平可以接受。另外通过计算项目各阶段的风险权重，可以知道该项目在实施阶段风险最大，因此，要加强实施阶段的管理，并尽早做好相关的防范准备，尤其是要加强对工期的管理。

主观评分法的优点是简便且容易使用，缺点依然是可靠性完全取决于项目管理人员的经验与水平，因此，其用途的大小就取决于项目管理人员对项目各阶段各种风险分析的准确性。

二、层次分析法

（一）层次分析法概述

层次分析法首先将风险层次化，构造出一个结构模型，如图 3-1 所示。这些层次分为三类：目标层（A）、准则层（B）和方案层（C）。每下层受上层的支配。其原理是将复杂系统中的各种因素，划分为一个层级低阶结构，通过风险识别首先列举出所要分析的总风险以及分项风险，其次在专家经验评判的基础上给出因素间相对重要的对比关系，最后利用一致性准则判断是否为一致阵，若为一致阵则结论有效。通过层次分析法可得到风险的排序关系，进而有针对性地进行控制。

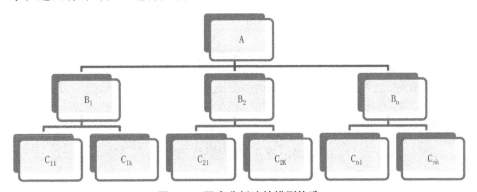

图 3-1　层次分析法的模型构造

（二）层次分析法的过程

层次分析法的应用过程分为五步：建立所研究问题的多层次结构模型；构建两两比较判断矩阵；计算权向量并做一致性检验；计算综合权向量。

求出的综合权向量即为风险因素影响总目标的权重，将排序进行比较，分为高中低三类，判断工程风险等级，进而为下步风险应对做好准备。

在层次分析法模型建立后，随即要建立矩阵关系，在这之前就要先确定各因素的权重关系，可以采用专家打分法，利用其经验丰富、有说服力的特点通过直接打分给出各因素权重。

构造成对比较矩阵，通过在两两因素之间进行比较，比较时取 $1 \sim 9$ 尺度。如表 3-3 所示。

表3-3　比较尺度

两两因素比较	尺度 a_{ij}	含义
第 i 个因素与第 j 个因素的影响相同	1	$a_i = a_j$
第 i 个因素比第 j 个因素的影响稍强	3	$a_i = 3a_j$
第 i 个因素比第 j 个因素的影响强	5	$a_i = 5a_j$
第 i 个因素比第 j 个因素的影响明显强	7	$a_i = 7a_j$
第 i 个因素比第 j 个因素的影响绝对地强	9	$a_i = 9a_j$
第 i 个因素比第 j 个因素的影响介于上述两个相邻等级间	2，4，6，8	

　　根据上表尺度定义，可以通过专家打分法进行权重评估，则两两比较后，成对比较矩阵构成如表3-4所示。

表3-4　成对比较矩阵构成

A	A_1	A_2	$\cdots$	A_j	$\cdots$	A_n
A_1	a_{11}	a_{12}	$\cdots$	a_{1j}	$\cdots$	a_{1n}
A_2	a_{21}	a_{22}	$\cdots$	a_{2j}	$\cdots$	a_{2n}
$\vdots$	$\vdots$	$\vdots$	$\vdots$	$\vdots$	$\vdots$	$\vdots$
A_i	a_{i1}	a_{12}	$\cdots$	a_{ij}	$\cdots$	a_{in}
$\vdots$	$\vdots$	$\vdots$	$\vdots$	$\vdots$	$\vdots$	$\vdots$
A_n	a_{n1}	a_{n2}	$\cdots$	a_{nj}	$\cdots$	a_{nn}

　　从以上矩阵可直观看出，此对比较矩阵有如下性质：$a_{ij} > 0$，$a_{ii} = 1$，$a_{ij} = 1/a_{ij}$（i，j=1，2，…n）；a_{ij} 如果大于1表示 A_i 比 A_j 影响性强；小于1表示 A_i 比 A_j 影响性弱；等于1表示影响性同样。

　　当对比较矩阵 A 为一致阵时，则评估结果可用，如超出一致性范围，则矩阵误差太大，评估结果无效，应重新建立模型。因此检验一致性是层次分析法中的重要环节。

　　层次单排序及一致性检验应由以下公式进行：

　　（1）计算一致性指标：

$$CI = \frac{\lambda_{max} - n}{n - 1}$$

　　其中，λ_{max} 是矩阵 A 的最大特征值。

　　我们可以用 $|A - \lambda E| = 0$ 来计算 λ 的值，从而求出最大值，根据基础解析求出最大特征值下的特征向量。

　　（2）计算一致性比率：

$$CR = CI/RI$$

　　随机一致性指标 RI 的数值，如下表3-5所示。

表 3-5　随机一致性指标 RI 的数值

矩阵阶数 n	1	2	3	4	5	6	7	8	9	10
RI	0	0	0.58	0.90	1.12	1.24	1.32	1.41	1.45	1.49

一般，当一致性比率 CR ≤ 0.1 时，认为 A 的不一致程度在容许范围之内。

几何平均法（根法）的权重计算步骤如下。

（1）判断矩阵 A 各行各元素的乘积：

$$m_i = \prod_{i=1}^{n} a_{ij} \; (i=1, \; 2, \; \cdots, \; n)$$

（2）指标权重的计算：

$$\omega_i = \overline{\omega_i} / \sum_{j=1}^{n} \overline{\omega_j}$$

其中：

$$\overline{\omega_i} = \sqrt[n]{m_i}$$

（3）最大特征值 A_{max}（近似算法）：

$$\lambda_{max} = \frac{i}{n} \sum_{i=1}^{n} (AW) / \omega_i$$

得到一级指标权重后，下一步进行下一级指标权重的计算，如果一级指标层对目标层的相对权重为：

$$\overline{\omega} = (\omega_1, \; \omega_2 \cdots, \; \omega_n)^T$$

则二级指标层对一级指标层的相对权重为：

$$\overline{\omega} = (\omega_{1i}, \; \omega_{2i} \cdots, \; \omega_{ni})$$

因此，方案层中的各方案对目标层的相对权重 W 为：

$$W_i = \sum_{j=1}^{k} \omega_j \omega_{1j}, \; W_2 = \sum_{j=1}^{k} \omega_j \omega_{2j} \cdots, \; W_n = \sum_{j=1}^{k} \omega_j \omega_{nj}$$

三、模糊分析法

与表述随机事件发生可能性的"概率"相比，"模糊"则反映了人们对概念认知的"不确定性"。通常采用层次分析的方法进行风险评估，其结果是单一的，评估的结果往往用一个数值表示。模糊评估方法则丰富得多，它给出关于各种风险评价的隶属度，而不是单一的"好""中""差"结果。

模糊风险评估的步骤如下。

（1）建立评估指标体系。

在多因素风险综合评估体系中，风险指标体系的建立是前提条件。指标的选取应结合风险识别和单因素风险评估结果进行。

55

（2）建立风险因素集。

对于评价的很多因素，可考虑建立一个树状结构，建立一个多层次的风险因素结构。

（3）确定影响因素的权重向量。

建立评估对象的多指标体系，需要确定各评估指标的权重和因素重要程度系数。确定权重的方法，可采用德尔菲法、层次分析法等。

（4）建立相应隶属函数。

对于模糊集合的元素与集合的关系用隶属函数来体现，即隶属度函数，取值范围在0到1之间。这也是模糊评价工作的关键工作。目前隶属函数的确定主要还停留在依靠专家评价的阶段。

（5）建立相应模糊评估矩阵。

首先进行最低层次的模糊综合评估，逐层向上，直到得到关于总目标的模糊评估。

（6）给出结果及结论。

按照模糊数学计算方法，得出评估结果，并据此给出风险评估结论。

四、蒙特卡罗法

（一）蒙特卡罗法概述

蒙特卡罗方法是一种与一般数值计算方法有本质区别的计算方法，属于试验数学的一支，起源于早期的用概率近似概率的数学思想，它利用随机数进行统计试验，以求得统计特征值（如均值、概率等）作为待解问题的数值解。

蒙特卡罗方法的基本思想是：为了求解数学、物理、工程技术以及生产管理等方面的问题，首先建立一个概率模型或随机过程，使它的参数等于问题的解，然后通过对模型或三差的观察或抽样试验，来计算所求参数的统计量，最后给出所求解的近似解，解的精确度可用估计值的标准差来表示。

使用蒙特卡罗方法求解问题是通过抓住事物运动过程的数量和物理特征，运用数学方法来进行模拟的过程。实际上每一次模拟都会描述系统可能出现的情况，经过成百上千次的模拟后，就得到了一些有价值的结果。

从上述描述可以看出，蒙特卡罗方法的基本原理是：利用各种不同分布随机变量的抽样数据序列对实际系统的概率模型进行模拟，给出问题数值解的渐近统计估计值。它的要点可归纳为如下四个方面：

（1）对所求问题建立简单而且便于实现的概率统计模型，使要求的解恰好是所建模型的概率分布或数学期望；

（2）根据概率统计模型的特点和实际计算的需要，改进模型，以便减少模拟结果的方差，降低模拟费用，提高模拟效率；

（3）建立随机变量的抽样方法，其中包括产生伪随机数以及各种分布随机变量的抽样方法；

（4）给出问题解的统计估计值及其方差或标准差。

（二）蒙特卡罗法的实施步骤

根据蒙特卡罗方法求解的基本思想和基本原理，蒙特卡罗方法的实施可采取如下五个主要步骤。

（1）问题描述与定义。系统模拟是面向问题的而不是面向整个系统的，因此，首先要在分析和调查的基础上，明确要解决的问题以及需要实现的目标。确定描述这些目标的主要参数（变量）以及评价准则。根据以上目标，要清晰地定义系统的边界，辨识主要状态变量和主要影响因素，定义环境及控制变量（决策变量）。同时，给出模拟的初始条件，并充分估计初始条件对系统主要参数的影响。

（2）构造或描述概率过程。在明确要解决的问题以及实现目标的基础上，首先需要确定研究对象的概率分布，例如在一定的时间内，服务台到达的顾客量服从泊松分布。但在实际问题中，直接引用理论概率分布有较大的困难，我们常通过历史资料或主观的分析判断来求出研究对象的一个初始概率分布。

（3）实现从已知概率分布抽样。构造了概率模型以后，由于各种概率模型都可以看成是由各种各样的概率分布构成的，因此就需要生成这些服从已知概率分布的随机变量。

（4）计算模拟统计量。根据模型规定的随机模拟结果和决策需要，统计各事件发生的频数，并运用数理统计知识求解各种统计量。

（5）模拟结果的输出和分析。对模型进行多次重复运行得到的系统性能参数的均值、标准偏差、最大值和最小值等，仅是对所研究系统做的模拟实验的一个样本，要估计系统的总体分布参数及其特征，还需要进行统计推断，包括对均值和方差的点估计、满足一定置信水平的置信区间估计、模拟输出的相关分析、模拟精度与重复模拟运行次数的关系等。

五、风险报酬法

风险报酬法又称调整标准贴现率法。该方法强调资金具有时间价值同时还具有风险价值。风险与风险报酬成正比例的关系，风险越大风险报酬越大，风险越小风险报酬越小。同时风险报酬的大小是在不断变化的。投资项目可以划分为无风险、低风险、中等风险、高风险四类。

在进行风险评价时需要考虑标准贴现率和风险的报酬问题，需要将各个方案分为若干个等级，不同的风险方案与之对应一个风险贴现率。其标准贴现率为无风险贴现率和调整风险贴现率的和，以此为基准评价方案。那么项目的净现值（NPV）可以表示为：

$$NPV=\sum_{i=0}^{n}\frac{NCF_t}{(1+I)^t}$$

式中 t 为项目工期，NCF_t 为第 t 年度项目的净现金流量，I 为考虑了资金风险价值的贴现率，即 $I=i_r+i_f$。其中 i_f 为无风险的标准贴现率，i_r 为风险补偿的调整贴现率。按此方法计算，当 NPV > 0 时，则说明此方案可取。

计算内部收益率 IRR 也以（i_r+i_f）作为评价取舍的标准，即由下式可求出内部收益率 IRR 的值：

$$\sum_{i=0}^{n}\frac{NCF_t}{(1+IRR)^t}$$

若 IRR > i_r+i_f，则该项目的投资方案可取，否则项目风险偏大，不可取。

六、盈亏平衡分析法

盈亏平衡分析主要分为静态和动态两种。它是利用成本、产量和利润三者之间的关系，求出某个投资项目的收入等于支出时的平衡点。平衡点越低则表示投资项目的风险越小。

通过静态平衡点分析研究一个工程项目某一年的投入和成本的关系，其基本模型为：

$$P_t=P_pQ-C_vQ-C_{ft}-P_pQrs=0$$

式中，P_t 代表销售利润，Q 代表产销量，P_p 代表产品价格，C_v 代表单位变动成本，C_{ft} 代表固定成木，rs 代表销售税率。

通过动态平衡点分析研究项目在整个寿命周期内的投入产出关系，反映出投资项目在整个寿命周期内的不确定性与考虑资金的时间价值，其基本模型为：

$$NAW=P_pQ-P_pQrs-C_vQ-OC_{ft}-(k_1+k_2)(A/p,i_0,n)+(S_1+S_2)(A/f,i_0,n)$$

式中，NAW 代表所得税前净年值，OC_{ft} 代表年固定经营成本（不包括折旧的年固定成本），k_1 代表固定资产投资，k_2 代表流动资金，S_1 代表回收固定资产余值，S_2 代表回收流动资金，i_0 代表基准收益率，n 代表投资年限。

第四章　建筑工程施工项目风险管理的体系建设

风险管理贯穿于建筑工程施工项目的全过程，风险管理作为一种过程管理，涉及建筑工程施工项目的各个环节。因此，要实现有效的建筑工程施工项目风险管理，就需要建立起完善的风险管理体系，从而将建筑工程项目施工的各部门和相关人员纳入风险管理体系之中，充分发挥他们在风险管理中的职能，实现风险管理系统的统筹协调、职责明确。同时，随着信息技术的不断发展，在风险管理系统的建设过程中，还应充分利用信息技术，实现风险管理的信息化发展。

第一节　建筑工程施工项目风险管理的体系构建

建筑工程施工项目风险管理体系是指项目承包商按照项目风险管理的目标，通过一定的组织体系和机制建设，使项目所有利益相关者参与项目风险管理，充分利用项目风险管理资源，对项目各阶段的风险进行分析和监控，并遵循一定的秩序和内部联系组合而成的系统。它可以被理解为是与项目风险管理活动及资源的配置和可以利用的相关各种机构互相作用而形成的组织系统和关系网络，可推动风险管理不断完善，保证建筑工程施工项目风险管理目标的实现。

一、项目风险管理的目标

企业所要管理的风险就是影响企业成功实现战略目标和项目目标的活动和因素，进行建筑工程施工项目风险管理的目标就是尽量地摒除这些活动和因素，保证实现战略目标，并且保证企业的持续经营。总结起来，管理目标的具体内容如下。

1. 实现效益最大化与风险承受程度的平衡

在企业建筑工程施工项目中全过程推进精细化项目管理理念、提高项目风险意识，在实施中获得最高项目效益，树立市场信誉的最终目的是管理项目风险，使其在企业风险承受范围之内，并为项目的实施提供合理保证。

2. 实现建筑工程施工项目风险的全过程管理

对建筑工程施工项目的全过程建立风险识别、风险评估、风险应对与处置、监控以及涵盖风险信息沟通与编报总结的完整风险管理体系；应用PDCA控制方法，即P（Plan，计划）、D（Do，执行）、C（Check，检查）、A（Action，处置），重复循环提高模式，通过实施使其不断改进与完善。

3. 培养核心管理人员

不断提高公司全体员工对建筑工程施工项目的风险意识和精细化项目管理的能力，在实践中提高建筑工程施工项目风险管理和整体项目管理水平。

二、项目风险管理组织体系的构建

企业风险管理组织机构主要指为实现风险管理目标而建立的内部管理层次和管理组织，即组织结构、管理体制和领导人员。没有一个健全、合理和稳定的组织结构，企业的风险管理活动就不能有效地进行。

合理的组织结构为实施风险管理提供了从计划、执行、控制到监督全过程的框架。相关的组织结构包括确定角色、授权与职责的关键界区以及确立恰当的报告途径。以企业上层领导为核心组成风险管理领导小组，下设风险管理办公室，在风险管理办公室的组织结构中，可以按照风险管理的专业设立小组，如质量风险管理小组、进度风险管理小组、投资风险管理小组等，其中各风险管理小组的工作涉及企业的多个部门，如质量风险管理部门就涉及设计的质量、采购的质量、施工的质量等，因此部门的设置也可以按照企业原部门工作进行划分，如分为设计风险小组、财务风险小组、市场风险小组、采购风险小组、现场风险小组。风险管理组织的机构如图4-1所示。

（1）风险管理领导小组。风险管理领导小组是企业风险管理的领导和决策机构，负责研究制定风险管理制度、批准风险管理工作计划、审定各类风险管理原则和对策、对重大风险进行评估决策、研究重大风险事故的处理事项。

（2）风险管理办公室。风险管理办公室负责风险管理的日常事务，定期报告风险管理工作的开展情况，负责落实、督办风险管理小组的决定事项，指导各项目开展风险管理工作并定期检查，汇总归档风险管理信息与报告，对风险管理领导小组的决策提供技术支持。

（3）风险专业小组。风险管理办公室下设若干个风险专业小组，各专业小组在日常工作中应广泛、持续不断地收集与工程项目风险和风险管理相关的各种信息和资料，做好风险管理基础与准备工作，与企业的其他相应管理部门做好协调。

（4）项目执行团队。项目执行团队主要负责实施过程中的各种具体工作，对实施过程中的风险及时监控和管理，按时编制风险动态月报，对识别的风险提出处置计划。

（5）风险责任人。由项目经理指定合适的人员作为风险责任人，执行审核的风险处置方案，对其负责的风险发展情况负责，一个项目可有多个风险责任人，并且根据项目的进行情况以及风险的发展情况而改动。

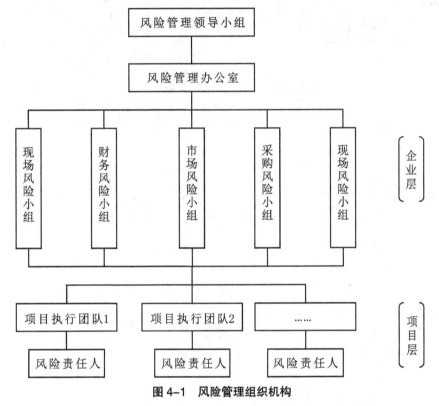

图4-1　风险管理组织机构

不论风险组织机构如何设置，各部门都要制定相应的风险管理目标和任务，明确干什么、怎么干；要强调协作，明确机构各部门内部及部门之间的协调关系和协调方法。同时，风险管理组织机构必须重视风险管理的经济性与高效性，企业中的每个部门、每个人为了一个统一的目标，实行最有效的内部协调，减少重复和推脱。

在企业风险管理机构中，应明确划分职责、权利范围，做到责任和权利相一致，促使组织机构的正常运转。风险管理领导小组对企业的重大风险和应对措施有决策权，并对企业风险管理负有最终的责任和解释权。以风险总监为领导的其他风险管理人员支持企业的风险管理计划和实施理念，促使其在符合其风险承受度与容量，并在各自的责任范围内依据风险权限去管理风险。

风险管理组织机构中的每个角色的职责以及其权限的划分，具体情况如表 4-1 所示。

表 4-1　风险管理角色职能划分

角色	角色描述	职责
风险管理领导小组	是风险管理的领导和决策机构，对企业的重大风险和应对措施有决策权，对企业风险管理有着最终所有者责任	负责研究制定风险管理制度； 批准风险管理工作计划； 审定各类风险管理原则和政策； 对重大风险进行评估决策； 任命风险管理办公室的核心岗位
风险管理办公室主任	是风险管理办公室的核心，对工作成果负责，对风险管理领导小组的决策提供技术支持	对风险管理办公室的日常工作负责； 监督和管理风险管理工作的开展情况； 组织全面的风险评估工作； 对各项目风险管理的执行情况进行定期检查； 分发风险管理领导小组的反馈意见； 制定和安排风险管理培训
风险管理专业小组	风险管理办公室设置若干个专业小组，在项目各个阶段工作不同，与企业其他管理部门相互配合组织开展相应的风险识别、评估、应对与监控等工作	收集专业相关的风险基础资料； 总结归档风险管理文件； 组织各管理部门进行全面的风险评估； 编制风险动态与异常事件报告； 落实项目风险处置决定； 组织各部门进行风险识别，更新风险登记表
项目执行团队	主要负责实施过程中的各种工作，对实施过程中的风险及时监控和管理，按时编制风险动态月报，对识别的风险提出处置计划	编著项目风险管理计划与预案； 及时更新风险登记表； 编制风险动态月报并及时汇报； 提出并落实项目风险处置决定； 落实反馈意见
项目责任人	由项目经理制定合适的人员作为风险责任人，执行审核的风险处置方案，对其负责的风险发展情况负责	监督实施风险处置计划； 跟踪负责风险的发展趋势； 审核监督项目执行团队的工作
其他专业团队	其他专业团队包括供应商、分包商等团队，在项目运行过程中，按照项目负责人要求支持和贯彻风险管理领导小组的决定	全面评估技术可行性与预期效益等方面的风险； 准备项目复审与评估； 协助风险专业小组进行风险识别和分析； 准备各个专业风险管理预案与处置方案

第二节 建筑工程施工项目风险管理的流程与文件管理

一、风险管理流程框架的构建

项目风险管理流程是在企业总体战略规划、组织机构、资源基础等基础框架下实施的。首先需要确定哪些风险是必须要管理的，然后考虑做出风险计划与决策，风险管理总体规划与框架的确立将明确风险管理的范围。所以风险管理流程应保证风险管理的垂直化、扁平化，保证风险管理的独立性和权威性，避免政策传导不畅通、总部对基层的控制力薄弱、层层上报审批、决策机制效率低下等情况。一般情况下，企业可以从以下几个方面考虑建立风险管理流程框架：风险管理政策、标准和工具的制定与审批流程；政策执行和监督流程；例外计划的处理流程；风险状况变动的连续跟踪流程；向高级管理层和相应的管理委员会报告的流程。风险管理流程框架如图 4-2 所示。

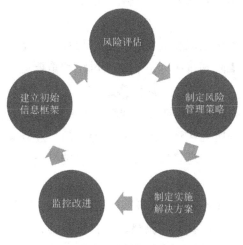

图 4-2 风险管理流程框架

二、风险管理的沟通与文件管理

企业要对风险本身和管理过程有一个沟通的机制，并且要体现出互动性。及时地发布信息和风险报告可以为风险管理提供信息，同时可以为有效地制定决策打下良好的基础。另外，还需将信息发布与风险报告的时间、格式、递交流程等以文件的形式确定下来，形成统一的报告流程。各相关方根据职责要求定期发布信息并递交风险报告。

风险管理过程的每一个过程都应该存档；文档管理应该包括假设、方法、数据来源和结果。文档管理的目的在于：证实管理的过程是正确的；提供系统风险识别和分析的证据；提供风险记录和企业知识管理；为决策提供书面依据；提供责任人绩效关联制度和方法；提高审计的依据路径；实现信息共享和沟通。

第三节 建筑工程施工项目风险管理的体系信息化建设

一、风险管理信息系统的建设

（一）风险管理信息系统

企业应建立风险管理信息系统，将信息技术应用于风险管理的各项工作，建立涵盖风险管理基本流程和内部控制系统各环节的风险管理信息系统，包括信息的采集、存储、加工、分析、测试、传递、报告、披露等。企业应采取措施确保向风险管理信息系统输入的业务数据和风险量化值的一致性、准确性、及时性、可用性和完整性。对输入信息系统的数据，未经批准，不得更改。

风险管理信息系统应能够对各种风险进行计量和定量分析、定量测试；能够实时反映风险矩阵和排序频谱、重大风险和重要业务流程的监控状态；能够对超过风险预警上限的重大风险实施信息报警；能够满足风险管理内部信息报告制度和企业对外信息披露管理制度的要求。

风险管理信息系统应实现信息在各职能部门、业务单位之间的集成与共享，既能满足单项业务风险管理的要求，也能满足企业整体和跨职能部门、业务单位的风险管理综合要求。企业应确保风险管理信息系统的稳定运行和安全，并根据实际需要不断进行改进、完善或更新。已建立或基本建立企业管理信息系统的企业，应补充、调整、更新已有的管理流程和管理程序，建立完善的风险管理信息系统；尚未建立企业管理信息系统的，应将风险管理与企业各项管理业务流程、管理软件统一规划、统一设计、统一实施、同步运行。

（二）风险管理模块化信息系统

1. 项目风险等级评估模块

根据年、月、周的生产计划，按照作业项目的评估步骤、流程，由评估小组对各项作业的评估项目、因素进行勾选，系统根据已设定的各项分值进行打分计算，最终生成作业项目风险等级评估明细表。本模块的主要技术指标如下。

（1）能够实现操作人员只需要对作业评估具体条目勾选，即可完成对某项作业的评估工作，自动生成作业项目风险等级评估明细表，显示每一项的分值情况，并将结果以 Excel 文档等形式导出。

（2）能够显示评估项目所处的流程、阶段，如初评、复评等，能够显示作业项目的相关信息，如起止时间、作业编号、审批执行时间等。

2. 安全承载力评估模块

班组安全承载力的评估由专家评估小组进行，对于个人安全承载力的评估则由执行小组进行评估。对各项指标进行勾选，系统自动根据所选内容生产班组（个人）安全承载力评估明细表。本模块的技术指标如下。

（1）对已评估的班组和个人安全承载力结果，系统能够自动保存，并建立班组（个人）安全承载力库，便于生产安排、资料更新等。

（2）能够按照各项指标因素对安全承载力库中的班组（个人）进行筛选。

（3）系统能够根据所选择的指标因素，自动生产班组（个人）安全承载力评估明细表，并可以将结果以 Excel 文档等形式导出。

3. 统计查询模块

将基本信息录入系统后，可以由计算机完成查询和统计工作，大大减少了工作量，缩短了办公时间，提高了工作效率。本模块的主要技术要求如下。

（1）查询统计可根据编号、电压等级、工作属性、风险等级、起止时间等进行组合查询及模糊查询。

（2）能够将查询到的作业项目评估结果和班组（个人）安全承载力评估结果导出到 Excel 文档中。

4. 权限管理模块

（1）权限管理模块的功能。

权限管理模块是整个计算机管理系统权限控制的核心部分。管理的内容包括：

①各功能模块的权限控制，包括各功能模块各功能项目的显示、隐藏；

②权限跟踪功能可以查看模块控制权限中某一权限赋予了哪些用户、角色，以及某一用户、角色具有哪些模块控制权限；可以赋予、收回用户和角色模块控制权限；

③本负责人不在时，可将会签、审查、复核、审批的权限授予他人代为行使，避免因人为因素而拖延。

（2）权限管理模块的技术要求。

①实现对各功能模块以及各子项功能的显示 / 隐藏进行控制。

②实现自由更改各环节处理人员功能。

③赋予及收回用户、角色对功能模块的添加、删除、修改、浏览权限。

④授权人只能将所有权限授权给一个被授权人，一个人可以接受多个授权人的授权。

⑤系统用户可以随时变更自己的登录密码，若忘记密码可由系统管理员重置。

5. 流程查看模块

流程查看模块显示在工作流系统中设置的各种工作流程。本模块的主要技术要求如下：

（1）显示各种流程的整体流向、流程结构图；

（2）显示流程的各个环节的设置情况，包括环节名称、设置等；

（3）显示流程当前版本及所有历史版本；

（4）显示各流程流向信息，包括回退及跳转。

6. 流程监控模块

（1）流程监控模块的功能。

流程监控模块主要对工作流（包括正在处理和已经处理的）的运行状态进行横向和纵向监控，提供流程的统计查询，主要包括以下内容：

①流程横向监控，即对每一任务流程在各个环节上的运行状态进行监控，包括任务的产生时间、任务的实际完成时间、任务的执行者等；

②流程纵向监控，即对某一环节上的各个任务流程的状态监控，包括任务的产生时间、任务的执行期限、任务的实际完成时间、任务的执行者、流程的执行路径等；

③流程综合查询，即根据流程的类别、启动时间、完成审批时间等信息查询流程信息；

④能够对任务流程的执行进行人工干预，如改派任务的执行者；

⑤能够对废除的流程进行删除。

（2）流程监控模块的技术要求。

①对流程、对任务流程的执行者，能够在任务流转的任一时刻，查询任务流程目前的处理状况、正在处理的部门、处理的时间等，即对流程执行者具有横向监控权限。

②在横向和纵向监控中，超时限的环节使用醒目颜色做标记，并能够对超时环节的相关人员进行提示或催办，对接近时限的任务可以根据设定要求进行提醒，这里的提醒是指当相关人员进入系统办理相关环节时，系统用特殊标记（例如红色字体）通知本任务已经快要到期了。

二、风险管理信息化软件的应用

风险管理软件的应用在整体上发展很大，如 Primavera Pertmaster Project Risk、Pertmaster Monte Carlo Analyzer、VERT 软件、P3E/C（v6.0）等。

（1）Primavera Pertmaster Project Risk 8.0 专业风险分析软件，通过高级的、基于蒙特卡罗模型的费用与进度分析来实现对风险管理的全生命周期进行管理，包括：

①在项目选择过程中初步决策的不确定性；

②在计划阶段提高项目进度计划的准确性；

③成功地进行执行与运营。

（2）Pertmaster Mote Carlo Analyzer 风险分析软件。Monte Carlo TM 3.0 是 Primavera 公司开发的风险模拟分析软件，能直接识别 P3、P3E/C、MS project、Open plan 等软件格式，能作为 P3E/C（v6.0）的附加模块无缝结合。在与 Primavera Project Planner（P3）相结合的条件下，利用 Monte Carlo TM 3.0，项目管理人员能够分析项目实施中存在的风险，为项目计划建立概率模型。利用该软件，也可评估带有概率分支工序和概率日历的工序组，衡量项目网络计划的任一部分或者整个计划成功的概率。项目管理人员还可以确定工程按期交付的可能性，为材料成本范围建立模型，甚至可以计算出一次罢工可能造成的影响。

Monte Carlo 能够为预测问题提供所需要的信息，建立概率计划，以及处理项目风险。这都是基于事件的发生概率而不是单点估计的。在项目计划或成本估计受到无法控制的事件或条件威胁时，诸如恶劣天气或劣质材料，或劳动力短缺，Monte Carlo 提供做出正确决策所需要的知识。除此之外，Monte Carlo 带有的报表和图形工具能帮助项目管理人员清楚有效地与客户、资方和其他决策者就风险及不确定度进行沟通。在完成对项目所有工序时间分布的定义之后，Monte Carlo 就可以对它们进行模拟。在进行模拟之前，项目管理人员还需进行如下设置：确定模拟计算的循环次数，模拟的方法——Monte Carlo 方法或 Latin 超立方体方法，指定模拟初始值，选择总浮动时差计算方法，确认是否进行资源平衡，选定计算精度和确定是否对计划进行诊断处理等。

（3）风险评审技术（Venture Evaluation Review Technique，简称 VERT）软件是一种以管理系统为对象，以随机网络仿真为手段的风险定量分析软件。其最早应用在软件研制项目中。在项目研制过程中，管理部门经常要在外部环境不确定和信息不完备的条件下，对一些可能的方案做出决策，于是决策往往带有一定的风险性，这种风险决策通常涉及三个方面，即时间（进度）、费用（投资和运行成本）和性能（技术参数或投资效益），这不仅包含着因不确定性和信息不足所造成的决策偏差，而且也包含着决策的错误。VERT正是为适应某些高度不确定性和风险性的决策问题而开发的一种网络仿真系统。在 20 世纪 80 年代初期，VERT 首先在美国大型系统研制计划和评估中得到应用。VERT 在本质上仍属于随机网络仿真技术，按照工程项目和研制项目的实施过程，建立对应的随机网络模型。根据每项活动或任务的性质，在网络节点上设置多种输入和输出逻辑功能，使网络模型能够充分反映实际过程的逻辑关系和随机约束。同时，VERT 还为每项活动提供多种赋值功能，建模人员可为每项活动赋时间周期、费用和性能等指标，并且能够同时对这三项指标进行仿真运行。因此，VERT 仿真可以给出在不同性能指标下，相应时间周期和费用的概率分布、项目在技术上获得成功或失败的概率等。这种将时间、费用、性能（简称 T、C、P）联系起来进行综合性仿真的软件，为多目标决策提供了强有力的工具。

（4）P3E/C（v6.0）荟萃了 P3 软件 20 年的项目管理精髓和经验，采用最新的 IT 技术，在大型关系数据库 Oracle 和 MS SQL Server 上构架起企业级的、包涵现代项目管理知识体系的、具有高度灵活性和开放性的、以计划—协同—跟踪—控制—积累为主线的企业级工程项目管理软件，是项目管理理论演变为实用技术的经典之作。除传统的 P3 的功能，P3E/C（v6.0）增加了风险分析的功能，即把原来的 Monte Carlo 放入了 P3E/C（v6.0）中。近年来，P3E/C（v6.0）在国际工程中得到了广泛的应用，归因于其强大的功能。P3E/C 强大的进度计划管理、资源与费用管理、赢得值管理、项目过程中的工作产品及文档管理以及报表输出等功能，在应用中得到了项目管理人的普遍认可，P3E/C（v6.0）在 P3 的基础上集成了风险管理功能，可用于识别与特定工作分解结构（WBS）元素相关的潜在风险，对其进行分类并划分风险的优先级，还可以复建风险控制计划，并为各个风险分配发生概率，进一步扩展其功能。项目执行过程中，问题与风险的发生有时是不可避免的，当问题或风险发生时，需要及时进行处理，以减少风险或问题给项目的进展带来的影响。P3E/C（v6.0）软件的问题是通过与目标对比后监控产生的，自动监控、自动报警可以让客户在等一时间掌握项目进展情况。

以上风险管理软件在国内外的风险管理中得到了广泛的应用，从本质上讲，Primavera Pertmaster Project Risk、Pertmaster Monte Carlo Analyzer 和 P3E/C（v6.0）三个软件都应用了蒙特卡罗（Monte Carlo）分析原理，即基于"随机数"的计算方法。最常用的技术是蒙特卡罗分析，该种分析对每项活动都定义一个结果概率分布，以此为基础计算整个项目的结果概率分布。此外，还可以用逻辑网络进行"如果……怎么办"分析，以模拟各种不同的情况组合。

例如，推迟某重要配件的交付、延迟具体工程所需时间，或者把外部因素（例如罢工或政府批准过程发生变化）考虑进来。"如果……怎么办"分析的结果，可用于评估进度在恶劣条件下的可行性，并可用于制订应急及应对计划，克服或减轻意外情况所造成的影响。此外，蒙特卡罗分析还应用于风险定量分析。除此之外，以上三种软件能够很好地结合，如 P3E/C（v6.0）编制的计划可以导入 Primavera Pertmaster Project Risk 以及 Pertmaster Monte Carlo Analyzer 软件中进行风险分析，P3E/C（v6.0）的风险管理作为新增的功能，有其局限之处，而其他两种软件则弥补了其不足之处。

三、风险管理信息化的主要技术

（一）BIM 协同信息交换

建筑工程施工项目风险管理信息模型建立的最主要理念就是"协同"。BIM 是建立整个模型的核心平台。在应用模型对项目进行风险管理时，项目的各个参与方都要参与其中。不同的参与方通过不同的应用程序与 BIM 平台的风险管理信息模型相连接。不同的应用程序往往使用不同格式、不同标准的数据，为了提高模型操作的便捷性与数据处理效率，将不同应用程序中使用的数据进行标准化处理意义重大。IFC 就是在此需求下产生的最适合在 BIM 平台的信息模型中使用的标准。IFC 的英文全称为 Industry Foundation Classes，起源于欧美，由 IAI 组织进行制定。IFC 标准包含丰富、大量的建筑产品各方各面的信息，是一种能够详细描述建筑信息的规范，IFC 可以用来描述建筑数据，它是 BIM 最常用的数据格式，基于构件实体，具有中性、开放性等特点。

IFC 标准在进行扩展和开发时需要遵循具有模块化组建特征的总体架构，IFC 框架分为四个层次，即资源层、核心层、交互层和支配层，它们引用关系是自上而下的。

IFC 标准是对施工项目中的信息数据的一种定义，EXPRESS 语言是实现 IFC 标准的基础，EXPRESS 对信息的描述机制是通过一系列的说明来实现的。EXPRESS 语言通过实体说明来实现对语言对象的描述。IFC 标准的发展到现在经历了多个版本，从早期的 IFC2×2 到目前的 IFC4，IFC 标准在不断改进，IFC 标准的功能开发也越来越全面。IFC 标准定义施工项目数据的逻辑关系，为了使信息数据能够交流与交互，还需要为 IFC 统一格式。

在风险管理信息模型中，所有数据信息的交互和传递都离不开 IFC 标准，基于 IFC 标准的数据文件在各参与方的模型平台之间交换，在模型的各个子模块和各参与方的模型应用平台之间中进行有效的数据文件传递。

（二）RFC 复杂事件风险信息处理

建筑工程施工项目风险管理信息模型的风险识别子模块在对风险信息进行识别后，必须要对收集到的风险相关信息进行处理，提取出其中有效的风险信息，将之标准化后利用传输模块传入数据库中。这个过程需要运用信息智能处理技术。对信息进行智能化的处理是物联网的重要功能。在风险信息的处理过程中，物联网在风险管理信息模型中起到了神经中枢的重要作用。物联网的 RFID 技术在建立风险管理信息模型中对风险的信息采集起到重要作用。对 RFID 采集到的信息进行处理需要用到 RFID 复杂事件处理技术。

RFID 复杂事件处理的关键作用是处理海量的简单事件，提取出其中有价值的事件。与传统事件处理相比较，这种新技术可以对收集到的风险信息数据进行清洗，能够对收集到的风险信息进行多层次的过滤，使得到的数据信息能更真实地还原施工现场等的现实情况，该技术的局部检测和全局监测可以为模型的风险分析量化模块提供更精确、更有效、更具处理价值的数据。

RFID 获得数据的手段是对标签进行扫描，标签对应的对象所在的具体位置和实时状态均可以被准确地记录下来。在施工项目风险管理信息模型中，这些数据在风险识别子模块中需要经过 RFID 复杂事件处理这一过程，得到抽象后的风险事件。处理的过程遵循 RFID 复杂事件处理原理。RFID 事件处理技术事件分为两类：原子事件和复杂事件。前者也被称为简单事件，这种事件是施工现场设置的标签被读写器识别的一次数据交换过程，其特点是在某一时刻只有两种状态："发生"或"不发生"。而运用某种运算规则将原子事件组合，形成的新事件被定义为复杂事件，RFID 中间件的核心功能就是复杂事件处理。为了从海量的原子事件中提炼出有效信息，复杂事件处理技术经过多层次的过滤和归并将底层 RFID 数据聚合成含有业务信息的高级事件。

在风险管理信息模型中，采集到的全部待处理的风险相关信息即为待处理的原子事件，经过处理得到的数据清洗与事件检测过程抽象出的风险事件即为复杂事件。

复杂事件处理技术在风险管理信息模型中有四大主要功能体具如下。

（1）将风险管理过程中模型各个子模块需要的事件，从通过物联网和普适计算技术采集到的大量风险因素中快速地找到并过滤。

（2）对低层风险事件进行概括和总结后进行抽象，从而使上层业务得到更有意义的高层风险事件。

（3）可以查看分布在不同子模块的风险因素与风险事件的因果关系。

（4）自动监测风险监控子模块的风险因素状态。

以上这四种功能在风险管理信息模型中可以起到对风险信息进行有效处理的作用。建筑工程施工项目全过程存在大量的风险信息，在风险识别子模块中，传入模型数据库的数据是海量的。从这些原子事件中抽取、提炼出有效的数据能在很大程度上减轻风险管理信息模型的风险信息处理工作量，使风险管理工作更具有高效性。

RFID 技术的局限性在于对数据的准确性把握不精准，当阅读器遇到问题时经常会导致数据丢失。造成这一现象的原因主要有漏读、出现脏数据和多读。为了减少这一现象造成的数据不准确，在应用 RFID 技术时需要对识别到的信息进行数据预处理，使标签读取到的数据时间上更加准确，质量上也更加精确，能够更好地还原真实信息。对信息预处理的手段是采用过滤器将不符合要求的信息进行过滤。过滤器结构有三层，经过层层过滤，得到符合要求的信息。

经过三层过滤，去除了标签识别到的海量数据中的冗余事件后，通过EPC 编码（电子产品编码）和事件过滤器，管理者可以分别得到指定类型或指定时间段内的数据，在风险管理信息模型中，是将风险事件进行分类的提取的过程。数据经过过滤后，下一步的工作是对复杂事件进行检测，常用的检测模型如表 4-2 所示。表中列出了四种事件检测模型，可以结合风险事件的特征选择最适合的风险检测模型，用于风险管理信息模型之中。

表 4-2 复杂事件风险检测模型

模型名称	描述	特点
自动机复杂事件检测模型	自动机检测到原子事件出现时，其状态将会发生改变，状态为可接受，即确定发生了复合事件	只匹配顺序到达的简单事件
匹配树复杂事件检测模型	树结构聚合复合事件，叶节点对应基本事件，中间节点则表示复合事件，根节点则为意义更复杂的事件	不考虑时间顺序或时序距离
有向图复杂事件检测模型	使用有向无环图；节点代表事件，其本身也带有规则，当节点事件发生触发节点规则，边则表示事件的合成规则	不考虑时间顺序或时序距离
基于 petri 网的复杂事件检测模型	复合事件发生过程中，最后的节点被标记输入基本事件，输出复杂事件	只匹配顺序到达的简单事件

（三）上下文风险事件提取

在对建筑工程施工项目的信息进行采集时，仅仅依靠 RFID 技术还不够，作为实现物理空间与信息空间的融合的关键技术，普适计算也为风险管理信息模型的风险识别模块做出重要的贡献。普适计算的关键技术是上下文感知。上下文被定义为用来描述实体的环境特性。只要是符合这一标准的信息，都可以将之定义为上下文。实体有多种，既可以是人，也可以是位置、用户等对象。上下文环境中包含着上下文、上下文信息，描述用户或者任一实体所处环境的信息都属于上下文信息。

在项目施工现场中包含大量的与风险相关的上下文信息，如表 4-3 所示。

表 4-3　施工项目风险上下文

分类	内容	举例
环境风险上下文	自然环境；现场环境	气温、光照强度、场地准备
设备风险上下文	材料；机械状态	材料质量、数量；机械使用状态
成本风险上下文	财务相关	款项是否到位
进度风险上下文	时间相关	工期；季节交替

上下文的分类主要有两种：第一种是对不同的信息获取方式进行分类；第二是根据实体对象的重要性来分类。根据第一种方法对上下文进行分类时，将上下文分为直接和间接两种。直接上下文指的是通过传感器等设备直接从施工项目现场获取的。间接上下文是通过对直接获取的上下文进行处理而得到的上下文信息。后者相对前者更高级。在风险管理信息模型完成采集信息后，采集到的直接上下文都需要被处理。

第二种分类依据的是实体对象的重要程度，将上下文分为低级和高级两种。前者的特点是不会在短时间内对事件造成比较大的影响或使事件发展趋于不利，施工项目管理者不能够仅通过这类低级的风险上下文直接判断受影响的事件具体属于哪种风险类型。与施工风险有关的低层上下文主要包括下以两种。

（1）在物联网和普适计算环境获得的风险上下文信息。各类传感装置可以获得项目人力和物资等全部资源信息，得到安全状况等人力风险上下文、材料质量风险上下文、机械设备风险上下文等。

（2）通过其他方式间接获得的风险上下文信息。通过其他方式非直接获取的上下文信息，比如对施工项目造成风险的施工技术层面或信息交互层面等有影响的上下文信息。

与施工风险有关的高层上下文主要包括下以六种。

（1）人力资源风险上下文。施工项目人员的管理对项目的影响极大，上下文能够在管理者需要掌握特定信息时全面反应施工现场的人力情况。当紧急事件发生，需要调整人力资源的布置以应对风险事件。

（2）材料资源风险上下文。项目管理者通过历史记录的施工项目的物料状态和施工人员和施工设备的交互信息对施工项目的物料的使用情况、质量好坏和储备量是否足够等状态进行全面的掌握和了解。例如，混凝土在保存不当的情况下性能发生可能会不利于施工的改变，通过传感器等设备的工作，施工人员可以及时地了解到混凝土温度变化的数字信息，并将此类信息在风险管理信息模型中传递，使项目管理者清晰地把握混凝土的质量信息。

（3）设备资源风险上下文。当突发事件的出现打破了原有的资源使用计划时，施工项目有限的设备资源变得更加紧缺。风险管理信息模型支持项目管理者直接查询风险事件所对应的资源或设施状态的高层风险上下文。

（4）场地风险上下文。施工项目对场地要求极高。场地的自然条件发生较大变化时，施工项目受到影响不能正常按计划进行的可能性极高。从低级的天气上下文事件中提取出的如暴雨天气导致场地无法使用等的事件被抽象为影响场地使用的高级风险上下文。

（5）进度风险上下文。造成施工项目进度风险的事件有很多，例如设计的变更导致工程量发生变化从而影响工期按时完成的可能性。

（6）成本风险上下文。在施工项目中影响成本目标实现的事件，主要包括业主资金到位不及时、进度落后导致的人、材、机等支出增加、监理验收时因质量不合格需要拆除工序重建而导致的费用增加等。

在模型中，对直接的风险上下文处理形成间接风险上下文，对低级风险上下文进行处理得到高级风险上下文在模型的物理空间与信息空间融合。上下文在感知各子模块的风险信息处理中起到不可替代的作用。

第五章 建筑工程施工项目的保险管理

建筑工程施工项目在实施的过程中面临着许多的风险，实施风险管理的目的就是希望能够最大限度地减小项目中存在的风险，控制风险的发生，当风险发生时进行有效的应对以减小风险带来的损失。工程保险是建筑工程施工项目转移、分担风险的一种重要手段。当工程施工项目遭遇风险事故后，建筑工程一切险能够为项目的损失提供一定的补偿，从而减轻风险给项目带来的损失。工程一切险种类丰富，本章主要以建筑工程一切险和安装工程一切险为主要研究对象。

第一节 工程保险概述

一、工程保险的定义

建筑工程施工项目是在有限资源、有限时间等约束条件下，通过特定的手段进行资源的整合与调配并最终完成预定工程任务的。建筑工程施工项目作为一个完备的系统，具有一定的复杂性。由于建筑工程施工项目规模较大、工艺复杂、工序较多，所以影响因素多，最常见的影响因素包括政治因素、环境因素、社会因素、技术经济因素等。由于受到这些因素的影响，建筑工程施工项目会面临各种风险，其中比较典型的几种风险为组织风险、经济管理风险、环境风险、技术风险。根据风险学中风险与风险量的关系，并不是所有风险发生频率都很高，都会造成很大伤害。面对工程建设项目中可能遇到的风险，可以通过风险规避、风险减轻、风险自留、风险转移以及组合等策略来进行应对。对难以控制的风险（频度低、损失大），向保险公司投保即是一种行之有效的风险转移方法。

工程保险是对施工过程中遭受自然灾害或意外事故所造成的损失提供经济补偿的一种保险形式。被保险人将自己的工程风险转移给保险人（保险公司、保险方），并按照约定的保险费率向保险人交纳保险费，如果保险范围内的安全事故发生，投保人可以向保险人要求损失赔偿，以达到转移风险的目的。被保险人既可以为业主、开发商，也可以为承包商、设计单位、咨询单位、监理单位等。

工程保险起源于 20 世纪 30 年代的英国，由于第二次世界大战之后，欧洲基础设施遭到一定程度的破坏，开始了大规模的基础设施重建工程，建筑工程一切险也随之有了长足的发展。从 20 世纪 30 年代至今，欧洲发达国家的建筑工程一切险制度已有 80 年历史，而我国从 20 世纪 80 年代初才从国外引进建筑工程一切险。

在国际咨询工程师联合会 FIDIC 将建筑工程一切险制度列为合同条款后，在国际性的建设工程中，如果没有保险制度的保障，合同就无法得到保护。在欧美发达国家，包括施工方、设计方、咨询方在内的建筑工程参与者如果没有实施建筑保险制度，甚至无法得到项目合同。因为保险不单是第三方的担保保证，也不单是保险责任范围内是事故造成损失后的赔偿支付。在建筑工程一切险期内，保险人要组织有关专家在工程各个阶段对安全和质量进行检查，因为建筑工程施工的安全和质量同保险人有着直接的利益关系，因此保险人会对工程存在的隐患向投保人责令整改，甚至会通过一定的经济手段要求投保人对事故隐患进行有效处理，以避免或减少事故，同时降低了保险人经济损失的风险。当发生不可预见的保险责任范围内的事故并造成损失时，保险人会及时组织人员进行专业鉴定，按照签订保险合约时约定的费率水平并结合建筑工程施工项目的实际损失进行赔偿，为工程项目尽快复工创造条件。

二、工程保险的主要特点

由于工程保险标的的特殊性，工程保险具有不同于其他保险险种之处，总结下来，工程保险具有如下几个特征。

（1）工程保险的保险期限不固定。由于工程项目工期比较长，一般的财产保险的保险期限为一年，工程保险的保险期限根据工程项目施工时间长短确定。

（2）工程保险无统一保险费率且费率现开，因工程项目而异。工程风险参差不齐，承保时，保险人对工程项目进行风险评估，依据风险水平确定费率。国家相关部门只设定可供参考的浮动幅度，在此幅度内进行费率的上下浮动。

（3）工程保险的被保险人有多方。根据保险利益原则，凡是跟保险标的有合法利益关系的，均可以成为被保险人。工程项目施工往往会涉及多方，工程的成败又关系到多方的利益，导致工程保险被保险人有多方。

（4）保险金额随工程项目进程和工程投资的增加逐渐升高。一般的财产保险的保额是固定的，工程保险的保额却是逐渐增高的。

（5）保险标的随时间变化。工程项目施工，在某一时刻就会有一些分项工程完工，同时还会有些分项工程刚刚开始施工。所以工程保险的保险标的是不断变化的。

三、工程保险在风险管理中的作用

建筑工程施工项目在与保险人签订合同之后，建筑工程施工安全问题已经从工程项目自身的问题变成了项目与保险人共同关心的问题，也就是被保险人与保险人共同关注的问题。虽然被保险人在向保险人寻求风险转移后，如果发生安全事故造成的损失会得到保险人的损失金额赔付，但是根据前文的分析，发生安全事故后的损失不仅仅是经济上的，不可衡量的非经济损失才庞大的，所以被保险人在转移风险后仍然不应在安全控制中松懈。对于保险人来讲，得到建筑工程施工项目的保险金额之后，如果建筑工程施工项目发生事故造成损失，保险人需要进行赔付，所以保险人更不愿意看到保险范围内的安全事故发生。

事实上，在建筑工程施工项目投保建筑工程一切险之后可以享受保险人提供的风险管理服务。保险人在保险业务中除了有损失金额赔付的业务，还有工程项目的风险管理与安全管理业务，保险人方面如果拥有足够强大的安全管理能力可以降低事故损失，降低了事故损失便减少了损失金额赔付，也就提高了保险人的经济效益。由于保险人在多年的经营活动中，通过对每次赔付后的事故原因进行了分析与研究，掌握了很多安全事故发生的规律，对安全事故隐患与安全管理的盲区较被保险人更有经验，而且保险人在承保被保险人工程项目后一般都会投入大量的人力、物力、财力为被保险人提供专业的风险管理服务。因此，工程项目在投保建筑工程一切险之后有政府主管部门、建设单位、承包商、监理单位的安全管理控制组织机构的安全管理团队，再加上保险人安全管理团的协助，能够更好地保障安全控制管理的有效性。

工程保险在事故损失控制中有重要的意义，通过保险费用的支出，能够将工程项目所面临的风险有效地进行转移，使被保险人在发生安全事故造成损失后只付出一定量的损失，而不至于对整个工程项目的实施造成毁灭性的影响，从而最大限度地减少安全事故所造成的损失。

四、工程保险的险种选择

由于我国工程保险起步相对较晚，保险制度尚未在建筑工程施工项目建设中强制执行，因而我国建筑工程对保险的自主选择权较大，目前在我国有以下三种工程保险险种选择模式。

1. 确定险种的选择模式

被保险人根据工程项目可能面临的各种风险情况确定应该投保的各种险种，经此方法确定之后的工程保险险种一般情况下可以覆盖整个工程项目全寿命周期可能面临的各种风险，一旦发生保险合同范围内所涵盖的意外事件，导致安全事故并造成损失，建筑企业一般都可以得到保险人相应的赔偿，工程项目的风险降低了很多，但是由于建筑企业缺乏对不同保险费率险种的正确认识，往往会刻意回避风险或期望得到较高的损失赔付，而选择高费率险种产品，从而付出较多的保险费，在风险事故没有发生时，造成了建设成本的无效增加。

2. 确定保险公司的选择模式

这种模式一般适用于和某家保险公司有长期合作关系的建筑企业，这种模式中保险人会给被保险人优惠，但是这种"优惠"是建立在被保险人不知道其他保险人会提供何种建筑工程一切险险种产品的基础之上的，所以是基于信息不对称的优惠。此种险种选择模式中，被保险人无法根据特定项目所面临的各种风险做出客观评估，导致险种选择成本过高，或者是覆盖面不够；同时也无法对当前建设工程项目性质种类和自身实力、技术成熟度做出客观分析，导致被保险人选择费率过高或者是过低的险种，不利于建设工程事故损失控制。

3. 险种与费率结合的选择模式

此种模式对建筑企业而言是最科学、最合理的险种选择模式。被保险人在客观评估本工程项目可能面临的各种风险后，选择能覆盖工程项目的险种组合。例如，由于承接了国际项目，在政局相对不稳定的国家进行施工，并且货物运输等都存在一定的风险，经过评估后，工程项目决定投保的险种有建筑工程一切险、货物运输险、政治风险保险等险种。在确定投保的险种之后，就主要的险种建筑工程一切险进行与本项目实际因素相匹配的不同费率险种的确定。这种模式对于建筑企业来讲是最经济、最合理的选择模式，但是对建筑企业要求较高，需要建筑企业成立专门负责建筑工程一切险相关事宜的部门来进行项目风险的评定，来确定项目所需险种以及投保何种费率险种产品。

五、工程保险索赔

工程保险索赔是被保险人投保的目的，一旦工程保险标的遭受损失，被保险人将向保险人要求经济赔偿，达到恢复正常施工、保障被保险人财务稳定的目的。索赔是被保险人行使权利的具体体现，它是指被保险人发生在保险责任范围内的损失后，按照双方签订的保险合同有关规定，向保险人申请经济补偿的过程。

（一）索赔人确定

"谁受损谁索赔"的原则是为了防止道德风险、维护受损者利益的需要而制定的。但是在工程保险索赔中，由于工程保险人的多方性以及工程合同所构成的权利与义务关系的复杂性，由谁来进行索赔变为较为复杂的问题。例如，业主对工程项目进行了统一保险并缴纳了保费，此时承包商也就是被保险人之一了。如果承包商发生保险事故，承包商理应可以成为索赔人向保险人进行索赔。但是在承包合同中规定，由于人力不可抗拒因素造成的损失由业主赔偿或者规定了保险责任范围内的损失由业主赔偿，这样承包商直接向保险公司索赔就不合适了，而是由业主向保险人索赔获得赔偿后，再赔偿承包商。所以投保人在与保险人签订保险合同时就应该确定发生事故后由谁来索赔的事项。

确定索赔人的总的原则是：谁缴纳保费谁索赔。因为投保人对于签订保险合同的过程和条款较为了解，掌握的有关信息较为丰富，可以提高索赔的效率。另一个原则就是承包合同的规定，承包合同中规定由谁索赔就应该由谁索赔。

（二）索赔申请

（1）出险后及时通知保险人。在发生引起或可能引起保险责任项下的索赔时，被保险人或其代表应立即通知保险人，通常在7天内或经保险人书面同意延长的期限内以书面报告提供事故发生的经过、原因和损失程度。

（2）保险事故发生后，被保险人应立即采取一切必要的措施防止损失的进一步扩大并将损失降到最低限度。

（3）在保险人代表进行查勘之前，被保险人应保留事故现场及有关实物证据。

（4）按保险人的要求提供索赔所需的有关资料。

（5）在预知可能引起诉讼时，立即以书面形式通知保险人，并在接到法院传票或其他法律文件后，将其送交保险人。

（6）未经保险人书面同意，被保险人或其代表对索赔方不得做出任何承诺或拒绝、出价、约定、付款或赔偿。

（三）赔偿标准与施救费用

1. 赔偿标准

赔偿标准是指受损标的物恢复原状的程度，包括以下两条。

（1）在标的物部分损失的情况下，保险人的责任是支付费用，将保险财产修复到受损前的状态，如果在修复中有残值，残值应在保险人支付的费用中扣除。保险财产的全部损失，可以分为实际全部损失和推定全部损失。实际全部损失指保险财产在物质意义上的全部灭失，或者对被保险人而言相对全部灭失，如被盗。推定全部损失指在物理意义上并没有全部灭失，但从经济角度看，对被保险人已经没有什么价值了，所以认定其已经全部损失。从保险角度讲，其判断的标准是在修复的费用加上残值已经超过保险金额。在全都损失情况下，保险人应按照保险金额进行赔偿，如有残值存在，则保险人应收回残值。

（2）在被保险财产虽未达到全部损失，但有全部损失的可能，或其修复费用将超过本身价值时，被保险人可以将其残余价值利益，包括标的上的所有权和责任转移给保险人，即"委付"，而要求按照推定全部损失给予赔偿的一种意思表达。推定全部损失是"委付"的必要条件，但是委付是否能够被保险人所接受，那就是保险人的权利了。

2. 施救费用

施救费用是指发生事故后为减少标的物的损失而采取抢救措施所花费的必要费用。在实践中，施救费用与防损费用容易混淆，从而产生争议，应从以下几点进行把握和理解。

（1）从时间上把握。以事故发生时间为界，施救费用在后，防损费用在前。在保险事故发生之前，被保险人为了防止和减少可能发生的损失而采取的必要措施所产生的费用属于"防止损失费用"。

（2）从费用的"必要性""合理性"和"有效性"上看，施救费用必须是"必要的、合理的和有效的"。施救费用通常被理解为保险财产损失的替代费用，如果施救费用不能够起到"必要的、合理的和有效的"效果，就不可能起到替代作用，也就失去了实际意义。但在保险事故发生的紧急情况下，被保险人很难确保和鉴别哪些施救行为是"必要的、合理的和有效的"，常常因此与保险人发生争议。为此，在可能的前提下，要求被保险人在进行施救行为前尽量征得保险人的同意。再者，被保险人应对施救行为做出判断，即是否是正常人的选择，如果在没有保险的情况下，被保险人是否可能做出这样的选择。

（3）从施救费用作为替代费用的角度出发，不应超过被施救标的实际价值。但是由于实施施救行为本身存在着风险，可能出现施救行为失败的情况，施救费用没有起到替代的作用，保险人也要支付施救费用并赔偿保险标的损失。

（四）保额的减少与恢复

根据保险的对价原则，保险人收取保险费和承担保险责任是对应的。保险人在履行了赔偿责任后，保险责任也就相应地终止了，换句话讲，保险费用也就相应地消失了。一旦被保险人获得了全部赔偿，保险人就要收回保单终止保险合同。大多数情况出现的是部分损失，当保险标的部分出现损失，保险人对损失部分进行补偿后，保险人就应当出具批单，终止对已经赔偿部分的保险责任，即减少保险金额。为此，被保险人在保险合同项下的保险金额就相应减少了。如果被保险人希望继续得到充分的保障，就必须对损失修复部分进行保险金额的恢复。被保险人可以按照约定的费率追加保险费后对保险金额进行恢复。追加部分的保险金额是按照损失或者赔偿的金额计算的，保险期是从损失发生之日算起的，而不是从标的物恢复之日算起的，这样做的目的是为了向被保险人提供更加充分的保障，因为受损标的在修复过程中也可能同样存在风险。

（五）第三者责任的赔偿

第三者责任损失的赔偿不同于物质损失赔偿。在责任保险中，保险标的是被保险人依法应当承担的责任，责任认定是关键。保险人要求对责任的认定有绝对的控制权，同时排除被保险人未经保险人同意擅自决定的权利。这是保险人承担保险责任的先决条件，如被保险人违反这一条，保险人有权拒绝承担风险责任。如果保险损失是由第三者造成的，保险人在对被保险人进行赔偿后，就取得了代为追偿的权利。如果由被保险人的过失而导致保险人丧失了追偿的责任，或不能进行有效的和充分的追偿，则被保险人应当承担相应的后果，保险人可以相应地扣减保险赔偿金额。同时，保险人有自行处理涉及第三者责任案件的权利，并要求被保险人对保险人的工作提供必要的支持，将其作为被保险人应尽的义务。

（六）索赔时效

索赔时效是指被保险人向保险人提出索赔的期限，一般建筑工程一切险规定从损失发生之日起，不得超过两年。在这里，两年是指被保险人向保险人提供全套索赔单证、正式提出索赔的期限。我国建筑工程一切险规定的两年期限是依据《中华人民共和国保险法》的有关规定做出的。

（七）索赔的注意事项

工程保险索赔与投保工作是紧密相连的。投保工作的每一个环节都应从索赔的角度加以考虑，做到周密、细致、明确和具有可操作性，为索赔奠定基础。因为在保险合同签订时任何一个环节产生的模糊概念、疏忽遗漏都会对日后的索赔工作造成不利影响。另外，在事故发生后，要积极收集事故的证据，这一点是至关重要的。一是定性资料，即提供的资料一定能够说明事故在保险责任范围内的理由，并且证明事故不在除外责任之内。在定性方面，一般要查找分析引起事故的原因，是自然灾害还是人为事故。首先要在这方面进行详细的说明，因为自然灾害一般是人力无法抗拒的，一旦定性为自然灾害，保险责任就非常明确了。但在某些情况下，对于自然灾害的界定有时也是复杂的。在索赔中，对于意外事故造成的保险责任认定就更为复杂了，如果牵扯到一些人为因素，被保险人很容易和保险人引起纠纷。二是定量资料，即提供的资料要足以证实上报的损失是真实的，所提供的资料要实事求是，既要充分、翔实，又要保证各种资料间的关联性。尤其是一些无法考证的数据，要在施工日志、监理日志或者会议纪要上查找，拿出有利的证据。要完善索赔文件，索赔文件包含索赔报告、出险通知、损失清单、单价分析表及其他有关的证明材料。损失清单包括直接损失、施救费用和处理措施费用，事故的直接损失一旦定为保险责任，保险人必定负责赔偿。出险时的施救费用和处理措施费用，索赔人也要拿出有力证据要求保险人员根据合同条款进行赔偿。

六、国际工程保险制度的发展

国际公认的工程保险起源来自英国的锅炉爆炸险，它的历史可追溯至1856年。当时的英国，有很多旨在防止锅炉爆炸事故发生的工程师团体，不过只是采取一些预防手段，尚不签发保单。直到1866年，美国的工程师仿照英国的这种模式，在哈特福德市成立了哈特福德蒸汽锅炉检查和保险公司，它收取一定的费用，定期为被保险人提供检测服务，并在锅炉或机器损失发生后提供经济补偿。

建筑工程一切险，最早出现在20世纪30年代的英国保险市场，并于1929年签发了第一份建筑工程一切险的保险单。1929年，伦敦的跨越泰晤士河的拉姆贝斯桥（Lambeth Bridge）工程在建设时向保险公司购买了一份建筑工程一切险。这份保单标志着工程保险正式走向了建筑业。但是直到1934年，专用的工程保险的保单才被德国的某家保险公司设计出来，并慢慢流通于市场。

发展至今，国际工程保险市场已经衍生出了非常丰富的险种：建筑工程一切险、安装工程一切险、第三者责任险、合同风险以及承包者的设备保险、机器损坏险、完工险和行业一切险、雇主责任险、潜在缺陷的风险、利润损失险/业务中断险、十年责任险/两年责任险等。国际工程的工程保险覆盖率超过90%。一般国际大型工程项目会委托专业风险管理机构和专业保险顾问（相当于保险经纪人或具有与保险经纪人同样职能的人员）来负责工程项目的风险管理，这些专业的机构和个人凭借自己专业的风险管理和工程保险知识以及实践经验，受业主的委托向保险公司够买工程保险，为业主制定最优惠的工程保险方案、争取最合理的保费，并提供购买保险后的后续服务。国际工程的风险管理组织由专业工程风险顾问和项目风险管理人员共同构成，风险管理组织是建设项目管理的组成部分。部分发达国家工程保险制度汇总如表5-1所示。

表5-1　国际工程保险制度一览表

国家	特点	简介
美国	保险市场高度发达	保险品种门类齐全；与保险相配套的法律体系健全完善；保险公司返赔率高，利润率低，服务全面；保险经纪人与行业协会的作用突出
德国	工伤保险与安全监督相得益彰	建筑业事故保险联合会全权负责雇员的工伤保险；安全监督工程师代表政府对施工安全生产进行监督检查
英国	强制规定工程保险	未投保工程险的建设项目将无法获得银行贷款
法国	强制保险	工程质量责任强制保险，是典型的实行强制工程保险制度的国家
日本	强制投保与自愿投保相结合	日本法律规定，建筑业必须投保劳动灾害综合险，其他建筑有关的险种可自愿投保

第二节　建筑工程一切险

一、建筑工程一切险的相关方

（一）被保险人

凡在工程施工期间对工程承担风险责任的有关各方，即具有保险利益的各方均可作为被保险人。建筑工程一切险的被保险人大致包括以下几方。

（1）业主（工程所有人、建设单位），即提供场所、委托建造、支付建造费用，并于完工后验收的单位。

（2）工程承包商（施工单位或投标人），即受业主委托，负责承建该项工程的施工单位。承包商还可分为总承包商和分承包商，分承包商就是向总承包商承包部分工程的施工单位。

（3）技术顾问，指由工程所有人聘请的建筑师、设计师、工程师和其他专业顾问、代表所有人监督工程合同执行的单位和个人。

（4）其他关系方，如发放工程贷款的银行等。

（二）投保人

投保人是指与保险人订立保险合同，并按照保险合同负有支付保险费义务的人。在一般情况下，投保人在保险契约生效后即为被保险人。

由于建筑工程一切险有可以同时有两个被保险人的特点，投保时应选出一方作为工程保险的投保人，负责办理保险投保手续，代表自己和其他被保险人交纳保险费，并将其他被保险人利益包括在内，在保险单上清楚地列明。其中任何一位被保险人负责的项目发生保险范围之内的损失，都可分别从保险人那里获得相应的赔偿，无须根据各自的责任相互进行追偿。

在实践中，可根据建筑工程承包方式的不同来灵活选择由谁来投保。一般以主要风险的主要承担者为投保人。目前，建筑工程承包方式主要有以下四种情况。

（1）全部承包方式。业主将工程全部承包给某一施工单位，该施工单位作为承包商负责设计、供料、施工等全部工程环节，最后将完工的工程交给业主。在这种承包方式中，由于承包商承担了工程的主要风险责任，可以由承包商作为投保人。

（2）部分承包方式。业主负责设计并提供部分建筑材料，承包商负责施工并提供部分建筑材料，双方都负责承担部分风险责任，可以由业主和承包商双方协商推举一方为投保人，并在承包合同中注明。

（3）分段承包方式。业主将一项工程分成几个阶段或几部分，分别由几个承包商承包。承包商之间是相互独立的，没有合同关系。在这种情况下，一般由业主作为投保人。

（4）承包商只提供劳务的承包方式。在这种方式下由业主负责设计、提供建筑材料和工程技术指导，承包商只提供施工劳务，对工程本身不承担风险责任，这时应由业主作为投保人。

因此，从保险的角度出发，如是全部承包，应由承包商出面投保整个工程。

同时把有关利益方列于共同被保险人。如非全部承包方式，最好由业主投保，因为在这种情况下如由承包商分别投保，对保护业主利益方面存在许多不足。

二、建筑工程一切险的保险标的

凡领有营业执照的建筑单位所新建、扩建或改建的各种建设项目均可作为建筑工程一切险的保险对象，例如：

（1）各种土木工程，如道路工程、灌溉工程、防洪工程、排水工程、飞机场、铺设管道等；

（2）各种建筑工程，如宾馆、办公楼、医院、学校、厂房等。

凡与以上工程建设有关的项目都可以作为建筑工程一切险的保险标的，具体包括物质损失部分和责任赔偿部分两方面。

物质损失部分的保险标的主要包括下以内容。

（1）建筑工程，包括永久性和临时性工程和物料，主要是指建筑工程合同内规定的建筑物主体、建筑物内的装修设备、配套的道路设备、桥梁和水电设施等土木建筑项目、存放在施工场地的建筑材料设备和为完成主体工程的建设而必须修建的主体工程完工后即拆除或废弃不用的临时工程，如脚手架、工棚等。

（2）安装工程项目，是指以建筑工程项目为主的附属安装项目工程及其材料，如办公楼的供电、供水、空调等机器设备的安装项目。

（3）施工机具设备，指配置在施工场地，作为施工用的机具设备，如吊车、叉车、挖掘机、压路机、搅拌机等。建筑工程的施工机具一般为承包人所有，不包括在承包工程合同价格之内，应列入施工机具设备项目下投保。有时业主会提供一部分施工机器设备，此对可在业主提供的物料及项目一项中投保。承包合同价或工程概算中包括购置工程施工所必需的施工机具费用时，可在建筑工程项目中投保。无论是哪一种情形，都要在施工机具设备一栏予以说明，并附清单。

（4）邻近财产，指在施工场地周围或临近地点的财产。这类财产不在所有人或承包人所在工地内，可能因工程的施工而遭受损坏。

（5）存放于工地范围内的用于施工必需的建筑材料及所有人提供的物料，既包括承包人采购的物料，也包括业主提供的物料。

（6）场地清理费用，指保险标的受到损坏时，为拆除受损标的和清理灾害现场、运走废弃物等而进行修复工程所发生的费用，此费用未包括在工程造价之中。国际上的通行做法是将此项费用单独列出，须在投保人与保险人商定的保险金额投保并交付相应的保险费后，保险人才负责赔偿。

（7）所有人或承包人在工地上的其他财产，也可以通过签订相应条款予以承保。

责任赔偿部分的保险标的即第三者责任。第三者责任险主要是指在工程保险期限内因被保险人的原因造成第三者（如工地附近的居民、行人及外来人员）的人身伤亡、致残或财产损毁而应由被保险人承担的责任范围。

三、建筑工程一切险的责任范围与除外责任

（一）建筑工程一切险的责任范围

1. 物质损失部分的责任范围

（1）洪水、水灾、暴雨、潮水、地震、海啸、雪崩、地陷、山崩、冻灾、冰雹及其他自然灾害。

（2）雷电、火灾、爆炸。

（3）飞机坠毁、飞机部件或物件坠落。

（4）盗窃，指一切明显的偷窃行为或暴力抢劫造成的损失，但如果盗窃由被保险人或其代表授意或默许，则保险人不予负责。

（5）工人、技术人员因缺乏经验、疏忽、过失、恶意行为对于保险标的所造成的损失，其中恶意行为必须是非被保险人或其代表授意、纵容或默许的，否则不予赔偿。

（6）原材料缺陷或工艺不善引起的事故。这种缺陷所用的建筑材料未达到规定标准，往往属于原材料制造商或供货商的责任，但这种缺陷必须是使用期间通过正常技术手段或正常技术水平下无法发现的，如果明知有缺陷而仍使用，造成的损失属故意行为所致，保险人不予负责；工艺不善指原材料的生产工艺不符合标准要求，尽管原材料本身无缺陷，但在使用时导致事故的发生。本条款只负责由于原材料缺陷或工艺不善造成的其他保险财产的损失，对原材料本身损失不负责任。

（7）除本保单条款规定的责任以外的其他不可预料的自然灾害或意外事故。

（8）现场清理费用。此项费用作为一个单独的保险项目投保，赔偿仅限于保险金额内。如果没有单独投保此项费用，则保险人不予负责。

保险人对每一保险项目的赔偿责任均不得超过分项保险金额以及约定的其他赔偿限额。对物质损失的最高赔偿责任不得超过总保险金额。

2. 第三者责任险的责任范围

建筑工程一切险的第三者指除保险人和所有被保险人以外的单位和人员，不包括被保险人和其他承包人所雇佣的在现场从事施工的人员。在工程

期间的保单有效期内因发生与保单所承保的工程直接相关的意外事故造成工地及邻近地区的第三者人身伤亡或财产损失，依法应由被保险人承担经济赔偿责任时，均可由保险人按条款的规定赔偿，包括事先经保险人书面同意的被保险人因此而支出的诉讼及其费用，但不包括任何罚款，其最高赔偿责任不得超过保险单明细表中规定的每次事故赔偿限额或保单有效期内累计赔偿限额。

（二）建筑工程一切险的除外责任

1. 物质损失与第三者责任险通用的除外责任

（1）战争、敌对行为、武装冲突、恐怖活动、谋反、政变引起的损失、费用或责任。

（2）政府命令或任何公共当局的没收、征用、销毁或毁坏。

（3）罢工、暴动、民众骚乱引起的任何操作、费用或责任。

（4）核裂变、核聚变、核武器、核材料、核辐射及放射性污染引起的任何损失费用和责任。

（5）大气、土地、水污染引起的任何损失费用和责任。

（6）被保险人及其代表的故意行为和重大过失引起的损失、费用或责任。

（7）工程全部停工或部分停工引起的损失、费用和责任。在建筑工程长期停工期间造成的一切损失，保险人不予负责；如停工时间不足1个月，并且被保险人在工地现场采取了有效的安全防护措施，经保险人事先书面同意，可不作本条停工除外责任论，对于工程的季节性停工也不作停工论。

（8）罚金、延误、丧失合同及其他后果损失。

（9）保险单规定的免赔额。保险单明细表中规定有免赔额，免赔额以内的损失，由被保险人自负，超过免额部分由保险人负责。

2. 物质损失的特殊除外责任

（1）设计错误引起的损失、费用和责任。建筑工程的设计通常由被保险人雇佣或委托设计师进行设计，设计错误引起损失、费用或责任应视为被保险人的责任，予以除外；设计师错误设计的责任可由相应的职业责任保险提供保障，即由职业责任险的保险人来赔偿受害者的经济损失。

（2）自然磨损、内在或潜在缺陷、物质本身变化、自燃、自热、氧化、氧蚀、渗漏、鼠咬、虫蛀、大气（气候或气温）变化、正常水位变化或其他渐变原因造成的被保险财产自身的损失和费用。

（3）因原材料缺陷或工艺不善引起的被保险财产本身的损失以及为换置、修理或矫正这些缺点错误所支付的费用，由于原材料缺陷或工艺不善引起的费用属制造商或供货商的，保险人不予负责。

（4）非外力引起的机械或电器装置损坏或建筑用机器、设备、装置失灵造成的本身损失。

（5）维修保养或正常检修的费用。

（6）档案、文件、账簿、票据、现金、各种有价证券、图表资料及包装物料的损失。

（7）货物盘点时的盘亏损失。

（8）领有公共运输用执照的车辆、船舶和飞机的损失。领有公共运输执照的车辆、船舶和飞机，它们的行驶区域不限于建筑工地范围，应由各种运输工具予以保障。

（9）除非另有约定，在被保险工程开始以前已经存在或形成的位于工地范围内或其周围的属于被保险人的财产损失。

（10）除非另有约定，在保险单保险期限终止以前，被保险财产中已由业主签发完工验收证书或验收合格或实际占有或使用接收的部分。

3. 第三者责任险的特殊除外责任

（1）保险单物质损失项下或本应在该项下予以负责的损失及各种费用。

（2）业主、承包商或其他关系方或他们所雇用的在工地现场从事与工程有关工作的职员、工人以及他们的家庭成员的人身伤亡或疾病。

（3）业主、承包商或其他关系方或他们所雇用的职员、工人所有的或由其照管、控制的财产的损失。

（4）领有公共运输执照的车辆、船舶和飞机造成的事故。

（5）由于震动、移动或减弱支撑而造成的其他财产、土地、房屋损失或由于上述原因造成的人身伤亡或财产损失。本项内的事故指工地现场常见的、属于设计和管理方面的事故，如被保险人对这类责任有特别要求，可作为特约责任加保。

（6）被保险人根据与他人的协议应支付的赔偿或其他款项。但即使没有这种协议，被保险人应承担的责任也不在此限。

四、建筑工程一切险的保金与赔偿限额

由于建筑工程一切险的保险标的包括物质损失部分和第三者责任部分，因此对于物质损失部分要确定其保险金额，对于第三者责任部分要确定赔偿限额。此外，对于地震、洪水等巨灾损失，保险人在保险单中也要专门规定一个赔偿限额，以限制承担责任的程度。

（1）物质损失部分的保险金额。建筑工程一切险的物质损失部分的保险

金额为保险工程完工时的总价值，包括原材料费用、设备费用、建造费、安装费、运杂费、保险费、关税、其他税项和费用以及由业主提供的原材料和设备费用。各承保项目保险金额的确定如下。

①建筑工程的保险金额为工程完工时的总造价，包括设计费、材料设备费、施工费、运杂费、保险费、税款及其他有关费用。一些大型建筑工程如果分为若干个主体项目，也可以分项投保，如有临时工程，则应单独立项，注明临时工程部分和保险金额。

②业主提供的物料和项目。其保险金额可按业主提供的清单，以财产的重置价值确定。

③建筑用机器设备。一般为承包商所有，不包括在建筑合同价格内，应单独投保。这部分财产一般应在清单上列明机器的名称、型号、制造厂家、出厂年份和保险金额。保险金额按重置价值确定，即按重新换置和原机器装置、设备相同的机器设备价格为保险金额。

④安装工程项目。若此项已包括在合同价格中，就不必另行投保，但要在保险单中注明。本项目的保险金额应按重置价值确定。应当注意的是，建筑工程一切险承保的安装工程项目，其保险金额应不超过整个工程项目保险金额的20%；如超过20%，应按安装工程保险的费率计收保费；如超过50%，则应单独投保安装工程保险。

⑤工地内现成的建筑物及业主或承包商的其他财产。这部分财产如需投保，应在保险单上分别列明，保险金额由保险人与被保险人双方协商确定，但最高不能超过其实际价值。

⑥场地清理费的保险金额应由保险人与被保险人共同协商确定。但一般大的工程不超过合同价格或工程概算价格的5%，小工程不超过合同价格或工程概算价格的10%。

（2）第三者责任保险赔偿限额。第三者责任保险的赔偿限额通常由被保险人根据其承担损失能力的大小、意愿及支付保险费的多少来决定。保险人根据工程的性质、施工方法、施工现场所处的位置、施工现场周围的环境条件及保险人以往承保理赔的经验与被保险人共同商定，并在保险单内列明保险人对同一原因发生的一次或多次事故引起的财产损失和人身伤亡的赔偿限额。该项赔偿限额共分以下四类。

①每次事故赔偿限额，其中对人身伤亡和财产损失再制定分项限额。

②每次事故人身伤亡总的赔偿限额。可按每次事故可能造成的第三者人身伤亡的总人数，结合每人限额来确定。

③每次事故造成第三者的财产损失的赔偿限额。此项限额可根据工程具

体情况估定。

④对上述人身和财产责任事故在保险期限内总的赔偿限额，应在每次事故的基础上，估计保险期限内保险事故次数确定总限额，它是计收保费的基础。

（3）特种危险赔偿限额。特种危险赔偿指保单明细表中列明的地震、洪水、海啸、暴雨、风暴等特种危险造成的上述各项物质财产损失的赔偿。赔偿限额的确定一般考虑工地所处的自然界地理条件、该地区以往发生此类灾害事故的记录以及工程项目本身具有的抗御灾害能力的大小等因素，该限额一般占物质损失总保险金额的 50% ～ 80%，不论发生一次或多次赔偿，均不能超过这个限额。

（4）扩展责任的保险金额或赔偿限额。扩展责任（Extended Liability）是在原有保险责任基础上扩充或增加的特别责任。一般是在原保险条款基础上附加扩展责任条款，增加保险责任项目，或者把原保险责任中具体事项的解释放宽，如扩展存仓期限等。多数人在投保时都认为投保了"工程一切险"，就包含了工程中的所有风险，其实不然，工程一切险有很多限制。特别是在特殊风险和导致损失的原因方面有较多的限制，如因设计错误、非外力引起的机械电器装置的损坏，自然环境因素造成的保险财产自身的损失和费用，保险公司是不赔偿的。也就是在保险合同的除外责任中注明的条款以及需要单独说明的条款。

工程保险扩展责任保险金额或赔偿限额的确定方式有以下几种。

①财产类风险，按照财产保险确定保险金额的方式进行。如施工用机器、装置和机械设备，按重置同种型号、同负载的新机器、装置和机械设备所需的费用确定保险金额。工程所有人或承包人在工地上的其他财产可按照重置价或双方约定的方式确定保险金额。

②费用类风险，按照第一危险赔偿方式确定，如专业费用、清除残骸费用等。所谓第一危险赔偿方式就是按照实际损失价值予以赔偿。

③责任类风险，按照限额的方式予以确定。

五、建筑工程一切险的免赔额

免赔额是指保险事故发生，使保险标的受到损失时，损失在一定限度内保险人不负赔偿责任的金额。由于建筑工程一切险是以建造过程中的工程为承保对象，在施工过程中，工程往往会因为自然灾害及工人、技术人员的疏忽和过失等造成或大或小的损失。这类损失有些是承包商计算标价时需考虑在成本内的，有些则可以通过谨慎施工或采取预防措施加以避免。这些损失如果全部通过保险来获得补偿并不合理。因为即使损失金额很少也要保险人赔偿，那么保险人必然要增加许多理赔费用，这些费用最终将反映到费率上去，会增加被保险人的负担。规定免赔额后，既可以通过费率上的优惠减轻了被保险人的保费负担，同时在工程发生免赔额以下的损失时，保险人也不需派人员去理赔，从而减少了保险人的费用开支。特别是还有利于提高被保险人施工时的警惕性，从而谨慎施工，减少灾害的发生。

按照建筑工程一切险保险项目的种类，建筑工程一切险主要有以下几种免赔额：

（1）建筑工程免赔额。该项免赔额一般 2 000 ～ 50 000 美元或为保险金额的 0.5% ～ 2%，对自然灾害的免赔额大一些，其他危险则小一些。

（2）建筑用机器装置及设备。免赔额一般 500 ～ 1 000 美元，也可为损失金额的 15% ～ 20%，以高者为准。

（3）其他项目的免赔额。一般 500 ～ 2 000 美元或为保险金额的 2%。

（4）第三者责任保险免赔额。第三者责任保险中仅对财产损失部分规定免赔额，按每次事故赔偿限额的 1‰ ～ 2‰ 计算，具体由被保险人和保险人协商确定。除非另有规定，第三者责任保险一般对人身伤亡不规定免赔额。

（5）特种危险免赔额。特种危险造成的损失使用特种免赔额，视风险大小而定。保险人只对每次事故超过免赔部分的损失予以赔偿，低于免赔额的部分不予赔偿。

六、建筑工程一切险的费率

（一）费率制定的影响因素

（1）承保责任的范围；

（2）工程本身的危险程度；

（3）承包商和其他工程方的资信情况，技术人员的经验、经营管理水平和安全条件；

（4）同类工程以往的损失记录；

（5）工程免赔额的高低，特种危险赔偿限额及第三者责任限额的大小。

（二）费率项目

（1）建筑工程、业主提供的物料及项目、安装工程项目、场地清理费、工地内已有的建筑物等各项为一个总费率，整个工期实行一次性费率；

（2）建筑用机器装置、工具及设备为单独的年度费率，如保险期限不足一年，则按短期费率收取保费；

（3）第三者责任险部分实行整个工期一次性费率；

（4）保证期实行整个保证期一次性费率；

（5）各种附加保障增加费率实行整个工期一次性费率。

七、建筑工程一切险的期限

1. 期限的确定

普通财产保险的保险期一般为12个月，但建筑工程一切险的保险期限原则上是根据工期来加以确定的，并在保单明细表上予以明确。保险人对于保险标的实际承担责任的时间应根据具体情况确定，并在保险单明细表上予以明确，它是一个不确定的时间点。

（1）主保期开始的时间，可由以下三个时间点确定。

①以工地动工时间为起点。这是指以被保险人的施工队伍进入工地进行破土动工的时间作为保期的起点。当然，如果只举行一个开工典礼仪式，施工队伍并未进入现场则不能视为工程开工。

②以材料运抵工地的时间为起点。这是指以用于保险工程的材料、设备从运输工具上运到工地，由承运人交付给保险人的时间作为保险期限的起始时间。由被保险人自行采购并用自己的车辆将设备运回工地的，在车辆进入工地之后、卸货之前发生的保险责任保险人不予负责。对此类风险，被保险人应根据具体情况投保一个相应的一揽子预约运输保险合同。

③以保单生效日为起点。这个时间点较为明确，即保单上列明的保险起始日期。这是保险期起始时间的"上限"。在任何情况下，建筑安装保险期限的起始时间均不得早于本保险单列明的保险生效日期；它对其他的保险生效方式起到一个限制的作用。"保险责任自被保险工程在工地动工或用于被保险工程的材料、设备运抵工地之日起"的条件是它们的时间点必须在保单生效之后，否则，就以保单生效日为准。

（2）主保期终止的时间，可由以下三个时间点确定。

①以签发完工验收证书或验收合格为终点。这是指以业主或工程所有人对部分或全部工程签发完工验收证书或验收合格作为保险期终止日期，以签发完工验收证书和验收合格两个行为作为标志。工程验收分为正式验收与非正式验收。正式验收是指由业主与有关工程质检部门对工程质量进行查验，验收合格的签发验收证书或竣工证书。非正式验收是指对于某一相对独立的工程完工后，业主需对相对独立的部分进行使用或占有，往往向施工单位提出要求，由业主对项目进行的验收。但通过业主检验合格后，并未对其签发验收证书或竣工证书。就工程保险而言，只要是被保险工程或其中一部分项目被验收并验收合格，保险人对此工程或其中一部分的保险责任即告终止。对部分或全部工程

的规定，主要是因为建设工程项目可能是由若干单位工程组成的，这样就有可能出现单位工程竣工和验收与整个建设工程竣工与验收不一致。即使建设工程投保的是一个单位工程，在其建设过程中某一分部工程或分项工程可能出现分阶段交付的现象，这里主要是解决部分工程的验收问题。

②以业主或所有人实际占有或使用或接收为终止时间。这是以该工程所有人实际占有、使用、接收该部分或全部工程之时为保期终止时间点，以业主或工程所有人实际"占有""使用""接收"这三个行为作为标志终止保险日期的。

③以保险终止日作为保期终止时间点。保单上明确的终止日期是保险期限的"下限"，为其他方式对终止时间的判定做了限制。工程所有人对部分或全部工程签发完工验收证书、验收合格及工程所有人实际占有、使用、接收该部分或全部工程之时终止的条件必须在保单上明确的终止日期之前，否则就以保单终止日期为准。

（3）保险期与工期的关系。工程保险期与普通财产保险期的含义是不一样的，一般财产保险的保险期就是保险人承担保险责任的期限，工程保险期仅仅是保险人承担责任时间的上下限。保险人实际承担保险责任的前提条件是被保险工程处于施工过程中，通常有以下几种情况。

①项目开工日与保险责任起点相同，如图5-1所示。

A：工期与保险期限相同，即保险人承担保险责任的期限与工期相同，施工完成了，保险期终止。

B：工期早于保险期限，即工程结束后，保险期尚未结束，但保险人也不再承担保险责任。

C：工期晚于保险期限，即保险期已到，但工程尚未结束，保险人也不再承担保险责任。

E：保险起始时间。

F：保险终止时间。

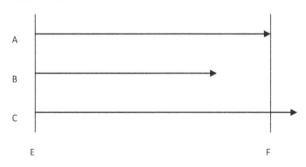

图5-1　项目开工日与保险责任起点相同

②项目开工日早于保险责任起点,如图 5-2 所示。

保险人承担责任的终点与第一种情况相同,承担责任的起点均以 E 为准。

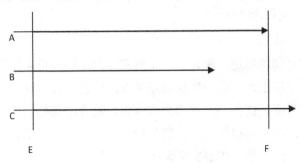

图 5-2　项目开工日早于保险责任起点

③项目开工日晚于保险责任起点,如图 5-3 所示。

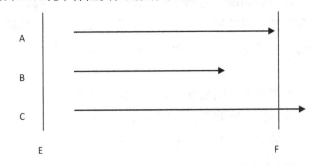

图 5-3　项目开工日晚于保险责任起点

2. **试车期的确定**

试车是对试车期和考核期的统称,条款主要是针对安装项目。它是指机器设备在安装完毕后、投入生产性使用前,为了保证正式运行的可靠性、准确性所进行的试运转期间。试车按性质可分为"冷试""热试"和试生产。"冷试"是指设备进行机械性的试运行,不投料;"热试"是指设备进行生产性的试运行,进行投料运行;较长周期的"热试"则称为试生产,主要是考核设备的生产能力和稳定性,所以试生产也称为"考核期"。

强调试车期和考核期的具体时间以保险单明细表中的规定为准。被保险人不能因为与业主签订的安装合同中的试车期和考核期不同于保险单的规定,要求保险人对期外发生的有关损失负责赔偿,也不能因为被保险人与业主在合同执行过程中的种种原因,对试车期和考核期进行调整或修改,而要求保险人对期外发生的有关损失负责赔偿。安装前已被使用的设备或转手设备的试车风险除外。对这两类设备,保险人只负责其在试车之前的风险,一旦投入试车,保险责任即告终止。

保险单中为试车提供的保险保障期限一般是紧临安装期之后的一个明确

的期限，保单所提供的试车期保险期限应根据安装工程项目的具体情况而定，但一般不超过3个月。对于保险期的延展，被保险人需征得保险人的书面同意，否则，保险公司不负责赔偿。

3. 保证期的确定

根据工程合同的规定，承包商对于所承建的工程项目在工程验收并交付使用之后的预定期限内，如果建筑物或被安装的机器设备存在缺陷，甚至造成损失的，承包商对这些缺陷和损失应承担修复或赔偿的责任。这个责任期为保证期。被保险人可根据需要扩展工程项目的保证期。工程缺陷保险是一个相对独立的保险，是否扩展完全取决于被保险人，其保险责任范围是专设的，保证期也是相对独立的。

工程保险保证期的期限是根据工程合同中的有关规定确定的，受保险单明细表列明的保证期、保险期限的限制。工程合同中的保证期超过保险单列明的明细表中的保证期限的，以保单中的规定为准。工程合同中的保证期如果低于保险单明细列表的保证期限，则以合同中规定的保证期为准。

保证期是一个相对的时间概念，它规定的仅仅是一个期限，至于项目保证期具体从哪一天开始，则要根据工程所有人对全部或部分工程签发完工验收证或验收合格，或工程所有人实际占有、使用、接收该部分或全部工程时起算，以先发生者为准。

八、建筑工程一切险的保险总则

一般建筑工程一切险都设有总则部分，对合同条款进行总的说明。我国建筑工程一切险条款总则部分，共包括10项：保单效力、保单无效、保单终止、权益丧失、合理查验、比例赔偿、重复保险、权益转让、争议处理、特别条款。

1. 保单效力

保单效力是保险人承担责任的前提条件。被保险人严格地遵守和履行保险单的各项规定，是保险公司在保险单项下承担赔偿责任的先决条件，强调保险人承担赔偿责任的前提是被保险人必须遵守保险合同的所有规定，尤其是应该承担的义务。

2. 保单无效

我国建筑工程一切险规定，如果被保险人或其他代表漏报、错报、虚报或隐瞒有关保险的实质性内容，则保险单无效，强调了被保险人的诚信义务。如果被保险人在投保时或投保之后故意隐瞒事实，不履行如实告知的义务，则将构成不诚实或欺诈行为，此合同将不受法律保护。

3. 保单终止

保险单将在被保险人丧失保险利益、承保风险扩大的情况下自动终止。保险单终止后，保险公司将按照比例退还被保险人保险单项下未到期部分的保险费。投保人及被投保人必须对保险标的具有保险利益，合同才能有效，丧失保险利益可能是由于工程业主将在建工程所有权全部或部分出让，也就是原业主对该项目的所有权全部或部分发生变更，或者业主与工程承包商的承包合同终止等情况。承保风险扩大是指保险合同有效期内保险标的的危险程度增加，保险人有权加收保险费或终止保险合同。若被保险人未履行风险增加通知的义务，由此项危险增加而引起的保险事故，保险人不承担赔偿责任。

4. 权益丧失

权益丧失是指如果任何索赔含有虚假成分、被保险人或其代表在索赔时采取欺诈手段企图在保险单项下获取利益，或任何损失是由被保险人或其代表的故意行为或纵容所致，被保险人将丧失其在保险单项下的所有权益。对由此产生的包括保险公司已支付赔款在内为的一切损失，应当由被保险人负责赔偿。被保险人对保险事故的发生或办理索赔有虚假、欺诈行为，则将丧失其在保单项下的所有权益，保险人有权对有关损失拒绝赔偿，并向被保险人追回赔偿保险金及其他损失如费用、利息等。

5. 合理查验

合理查验是指保险公司的代表有权在任何时候对被保险财产的风险情况进行现场查验。被保险人应提供一切便利及保险公司要求的用以评估有关风险的详情和资料。但上述查验并不构成保险公司对被保险人的任何承诺。合理查验是保险人的权利，被保险人应给予充分的配合。查验并不等于承保人对标的现状的任何认同。

6. 比例赔偿

在发生保险物质损失项下的损失时，若受损保险财产的分项或总保险金额低于对应保险金额，其差额部分视为被保险人所自保，保险公司则按保险单明细表中列明的保险金额与实际保险金额的比例负责赔偿。在发生损失时，保险金额低于实际保险金额时，保险人对有关损失将按比例承担赔偿责任。损失仅限于某些项目损失，而保险单内不同的保险项目有对应的保险金额，实行比例赔偿应适用于有关的分项。比例赔偿的计算方法如下：

保险损失金额 = 实际损失金额 × 某项目保险金额 / 某项目应投保金额

比例赔偿不适用于以下两种情况：一是双方约定以工程概算总造价投保，且被保险人认真履行了保险合同规定的义务，则不存在比例赔偿问题；二是比例赔偿不适用于保险金额为第一危险方式的有关项目，如清理残骸费用、专业费用等。

7. 重复保险

保险单负责赔偿损失、费用或责任时，若另有其他相同的保险存在，不论是否由保险人或他人以其名义投保，也不论该保险赔偿与否，保险公司仅负责按比例分摊赔偿的责任。重复保险不一定都是指工程保险，可以是应对发生的保险事故予以负责的任何保险。重复保险的存在，并不一定会对有关保险事故做出赔偿。因为根据免赔额的规定，重复保险不需要承担给付保险金的责任。另外，重复保险有更为严格的规定，如其他保险存在，该保险不承担任何赔偿责任。

8. 权益转让

若保险单项下负责的损失涉及其他责任方时，不论保险公司是否已赔偿被保险人，被保险人应立即采取必要的措施行使或保留向该责任方索赔的权利。在保险公司支付赔款后，被保险人应将向该责任方追偿的权力转让给保险公司，移交一切必要的单证，并协助保险公司向责任方追偿。在财产保险中，如果标的发生保险责任范围内的损失是由第三者的侵权行为造成的，被保险人即对其拥有请求赔偿的权利。而保险人在按照保险合同的约定给付了保险金之后，即有权取代被保险人的地位，以被保险人或自己的名义向第三者提出索赔，获得被保险人在该损失项下要求责任人给予赔偿的一切权利。保险人的这种行为叫作"代位求偿"，所享受的权利称为"代位求偿权"。

9. 争议处理

被保险人与保险公司之间的一切有关保险的争议应通过友好协商解决。如果协商不成，可申请仲裁或向法院提出诉讼。除事先另有协议外，仲裁或诉讼应在被告方所在地进行。保险双方发生争议是不可避免的，所以保险合同对此做出相应的规定，如果双方产生争议，要以友好协商为原则，通过协商加以解决，如果协商未果，再采取仲裁或诉讼的方式。一般而言，保险人作为被告方，仲裁或诉讼在被告方所在地进行，有利于维护保险人的利益，符合我国民事诉讼法中"原告就被告"的原则。

10. 特别条款

特别条款适用于保险单的各个部分，若其与保险单的其他规定相冲突，则以特别条款为准。尽管工程保险条款是针对工程建设中的风险特点而制定的，但是由于工程项目种类繁多、情况复杂、风险各异，所以工程保险的条款是针对工程项目中的共性而言的，如果用这种统一的条款去使用，显然满足不了被保险人的需要，因此，保险人为了弥补这一缺陷，制定了特别条款。特别条款又称附加条款，根据其作用与性质可分为三类：一是扩展条款，是指对保险范围进行扩展的条款，其中包括扩展保险责任类、扩展保险标的类和扩展保险期限类；二是限制性条款，是指对保险范围进行限制的条款，其中包括限制保险责任类和限制保险标的类；三是规定性特别条款，是针对保险合同执行过程中的一些重要问题，或是就需要明确的问题进行明确的规定，以免产生误解和争议的条款。

第三节　安装工程一切险

一、安装工程一切险的特点

安装工程一切险和建筑工程一切险在形式和内容上都具有相似或相同之处，两者是承保工程项目中相辅相成的一对工程保险。但安装工程一切险与建筑工程一切险相比较，仍有些显著区别。

（1）承保标的为安装项目。安装工程一切险的承保对象主要是重、大型机器设备的安装工程在安装期限内，因自然灾害和意外事故而遭受物质损失或第三者责任损失为标的保险。虽然大型机器设备需要安装在一定范围及一定程度的土木工程建筑上，但这种建筑只是为安装工程服务的，其标的物主要是安装项目。建筑工程一切险则是以土木建筑和第三者责任为标的物的保险险种，而安装项目则是为土木建筑项目服务的。

（2）试车、考核和保证期风险最大。建筑工程一切险的保险标的是逐步增加的，风险责任也随着保险标的的增加而增加。安装工程与建筑工程相比较，安装工程标的价值是相对稳定的，保险标的物在进入工地后，从一开始保险人就负有全部的风险责任。安装工程中的机械设备只要不进行运转，风险一般就不会发生或发生的概率比较小。虽然风险事故发生与整个安装过程有关，但只有到安装完毕后的试车、考核和保证期时各种问题才能够暴露出来，因此，安装工程事故也大多发生在安装完毕后的试车、考核和保证阶段。而建筑工程标的物是动态的，标的物的价值是逐步形成、逐步增加的。建筑工程一切险的标的物风险贯穿于施工的过程，无论是施工初期还是完工期，每一个环节都有发生各种风险的可能性。

（3）安装工程一切险主要是人为风险。机械设备本身是技术的产物，承包人对其安装和试车更是专业技术性较强的工作，在安装施工中，机械设备本身的质量、安装者的技术状态和责任心，以及安装过程中的电、水、气供应和施工设备、施工方式等都是导致风险发生的主要因素。虽然安装工程也面临着自然风险，但安装工程标的物多数在建筑物内，受自然灾害风险的影响较小，主要面临的是人为风险。建筑工程一切险标的物暴露性较强，其风险因素主要是遭受灾害或意外损失。

（4）建筑工程一切险不负责因设计错误而造成的损失，而安装工程一切险虽然不负责因设计错误造成的安装工程项目的本身损失，但负责设计错误而引起的其他保险标的的损失。

（5）安装工程交接前必须通过试车考核，相应保险的费率比较高，而建筑工程无试车风险。

二、安装工程一切险的被保险人

所有对安装工程的保险项目具有可保利益的有关方均可成为安装工程一切险的被保险人。主要有以下几方：

（1）业主，即工程所有人；

（2）工程承包商，即负责安装该项目工程的承包单位，包括总承包商和分承包商；

（3）供货人，即负责提供被安装机器设备的一方；

（4）制造商，即被安装机器设备的制造人；

（5）技术顾问；

（6）其他关系方，如贷款银行。

安装工程实际投保时应视承包方式的不同而确定投保人。安装工程主要有以下承包方式：

（1）全部承包方式，即业主将所有机器设备的供应及全部安装工程包给承包商，由承包商负责设计、制造、安装、调试及保证期等全部工程内容，最后将完成的安装工程交给业主；

（2）部分承包方式，即业主负责提供被安装的机器设备，承包商负责安装和试车，双方都承担部分风险责任；

（3）分段承包方式，业主将一项工程分成几个阶段或几个部分，分别由几个承包商承包，承包商之间是相互独立的，没有合同关系。

一般来说，在全部承包方式下，由承包商作为投保人投保整个工程的安装工程一切险。同时把有关利益方列为共同被保险人。如非全部承包方式，最好由业主投保。

三、安装工程一切险的保险标的

安装工程一切险的保险对象为各种工厂和矿山安装的机器设备、各种钢结构工程以及包含机械工程因素的建筑工程。

在安装工程施工现场的物品都可以作为安装工程一切险的保险标的，具体包括物质损失部分和责任赔偿部分。物质损失部分的保险标的主要有下以几种。

（1）安装项目，包括被安装的机器、设备、装置、物件、基础工程以及工程所需的各种设施，如水、电、照明、通信设施等。安装项目是安装工程保险的主要保险项目。安装工程主要有三类：

①新建工厂、矿山或某一车间生产线安装的成套设备；

②单独的大型机械装置，如发电机组、锅炉、巨型吊车等组装工程；

③各种钢结构建筑物，如储油罐、桥梁、电视发射塔之类的安装，管道、电缆的铺设工程等。

（2）土木建筑工程项目，指新建、扩建厂矿必须有的土建项目，如厂房、仓库、道路、水塔、办公楼、宿舍等。如果该项目已包括在上述安装项目内，则不必另行投保，但要在保单中说明。

（3）安装施工用机器设备。施工机具设备一般不包括在承包合同价格内，如果要投保可列入此项。

（4）场地清理费。

（5）业主或承包商在工地上的其他财产，指不包括在承包工程范围内的，业主或承包商所有的或其保管的工地内已有的建筑物或财产。

责任赔偿部分的保险标的即为第三者责任保险。

四、安装工程一切险的责任范围与除外责任

（一）安装工程一切险的责任范围

1. 物质损失部分的责任范围

在保险期限内，安装工程一切险对保险单中的被保险财产在列明的工地范围内，因保险单除外责任以外的任何自然灾害或意外事故造成的物质损失均予赔偿。具体包括：

（1）洪水、火灾、暴雨、冻灾、冰雹、地震、地陷、海啸及其他自然灾害；

（2）火灾、爆炸；

（3）空中运行物体坠落；

（4）超负荷、超电压、碰线、电弧、走电、短路、大气放电及其他电气引起的其他财产的损失；

（5）安装技术不善引起的事故。

2. 第三者责任险的责任范围

在安装工程一切险的保险期限内，因发生与保险单所承保的工程直接相关的意外事故而引起的工地内及邻近地区的第三者人身伤亡、疾病或财产损失，依法应由被保险人承担经济赔偿责任时，保险人按条款的规定负责赔偿。对被保险人因此而支付的诉讼费用以及事先经保险人书面同意支付的其他费用，保险人也可按条款的规定负责赔偿。

（二）安装工程一切险的除外责任

1. 物质损失和第三者责任险通用的除外责任

（1）战争、敌对行为、武装冲突、恐怖活动、谋反、政变引起的损失、费用或责任；

（2）政府命令或任何公共当局的没收、征用、销毁或毁坏；

（3）罢工、暴动、民众骚乱引起的任何损失、费用或责任；

（4）核裂变、核聚变、核武器、核材料、核辐射及放射性污染引起的任何损失、费用或责任；

（5）大气、土地、水污染引起的任何损失、费用或责任；

（6）被保险人及其代表的故意行为或重大过失引起的损失、费用或责任；

（7）工程部分停工或全部停工引起的损失、费用或责任；

（8）罚金、延误或丧失合同及其他后果损失；

（9）保险单中规定的应由被保险人自行负担的免赔额。

2. 物质损失的特殊除外责任

（1）因设计错误、铸造或原材料缺陷或工艺不善引起的本身损失以及纠正这些缺陷错误所支出的费用；

（2）由于超负荷、超电压、碰线、电弧、超电、短路、大气放电及其他电气原因造成的电气设备或电气用具本身的损失；

（3）自然磨损、内在或潜在缺陷、物质本身变化、自燃、白热、氧化、锈蚀、渗漏、鼠咬、虫蛀、大气（气候或气温）变化、正常水位变化或其他渐变原因造成的被保险财产自身的损失与费用；

（4）非外力引起的施工用具、设备、机械装置失灵造成的本身损失；

（5）维修保养或正常检修的费用；

（6）档案、文件、账簿、票据、现金、各种有价证券、图表资料及包装物料的损失；

（7）货物盘点时的盘亏损失；

（8）领有公共运输用执照的车辆、船舶、飞机的损失；

（9）除非另有约定，在被保险工程开始以前已经存在或形成的位于工地范围内或其周围的属于被保险人的财产损失；

（10）除非另有约定，在保险单保险期限终止以前，被保险人财产中已由业主签发完工验收证书、验收合格或实际占有、使用或接收的部分。

3. 第三者责任险的特殊除外责任

（1）保险单物质损失项下或本应在该项下予以负责的损失及各种费用；

（2）业主、承包商或其他关系方或他们雇用的在工地现场从事与工程有关工作的职员、工人以及他们的家庭成员的人身死亡或疾病；

（3）业主、承包商或其他关系方或他们所雇用的职员、工人所有的或由其照管、控制的财产损失；

（4）领有公共运输执照的车辆、船舶、飞机造成的事故；

（5）被保险人根据与他人的协议应支付的赔偿或其他款项，但即使没有这种协议，被保险人应承担的也不在此限。

五、安装工程一切险的保金与赔偿限额

（1）物质损失部分的保险金额。安装工程一切险的物质损失部分的保险金额即保险工程安装完成时的总价值，包括原材料费用、设备费用、建筑费、安装费、运杂费、关税、其他款项和费用以及由业主提供的原材料和设备费用。各承保项目保险金额的确定如下。

①安装工程项目的保险金额以安装工程完工时的总价值为保险金额，包括设备费用、原材料费用、运费、安装费、关税等。

②土木建筑工程项目的保险金额为工程项目建成的价格，包括设计费、材料费、施工费、运杂费、保险费、税款及其他费用。

安装工程保险内承保的土木建筑工程项目的保险金额不能超过安装工程保险金额的20%，超过20%时，应按建筑工程一切险费率计收保险费；超过50%时，则需单独投保建筑工程一切险。

③安装施工用机器设备的保险金额按重置价值计算。

④场地清理费的保险金额按工程的大小确定。一般大的工程不超过价格的5%，小的工程占合同价格的5%～10%。

⑤业主或承包商在工地上的其他财产，其保险金额由保险人与被保险人协商确定，但不可能超过其实际价值。

（2）第三者责任险和特种危险赔偿两部分的赔偿限额的确定与建筑工程一切险相同。

六、安装工程一切险的免赔额

安装工程一切险的免赔额有以下几种：

（1）自然灾害引起的巨灾损失免赔额为 3 000 ～ 5 000 美元；

（2）试车考核期免赔额为 10 000 ～ 100 000 美元；

（3）其他风险免赔额为 2 000 ～ 5 000 美元；

（4）对第三者责任险的免赔额，只规定每次事故财产损失的免赔额为 2 000 ～ 5 000 美元；

（5）特种危险免赔额与自然灾害相同。

七、安装工程一切险的费率

（一）费率制定的影响因素

（1）工程本身的危险程度；

（2）承包商和其他工程方的资信情况、技术水平及经验；

（3）工地及邻近地区的自然地理条件，有无特别危险存在；

（4）工程现场管理和施工的安全条件；

（5）保险期限的长短，安装过程中使用吊车次数的多少及危险程度；

（6）被安装设备的质量、型号，产品是否达到设计要求；

（7）工期的长短，试车期和保证期分别有多长；

（8）同类工程以往的损失记录；

（9）工程免赔额的高低，特种危险赔偿限额及第三者责任限额的大小。

（二）费率的项目

（1）安装项目、土木建筑工程项目、场地清理费、工地内的现成财产、业主或承包商在工地上的其他财产等各项为一个总的费率，整个工期实行一次性费率；

（2）试车期为单独的一次性费率；

（3）安装施工用的机器设备为单独年度费率；

（4）第三者责任险实行整个工期一次性费率；

（5）保证期实行整个保证期一次性费率；

（6）各种附加保障实行整个工期一次性费率。

八、安装工程一切险的期限

安装工程一切险的起讫日期与建筑工程一切险相同。安装工程一切险的保险期限包括试车考核期。试车考核期包括冷试、热试和试生产。冷试指单机冷车运转；热试指全线空车联合运转；试生产指加料全线负荷联合运转。试车考核期的长短应根据工程合同的规定，一般以不超过 3 个月为限，若超过 3 个月则应另行收费。对旧的机器设备不负责试车。这里的旧机器指被保险设备本身是在本次安装前已被使用过的设备或转手设备。由于旧机器设备开始试车时发生事故的频率极高，为了排除这一风险，对该旧机器的责任在该旧机器试车时或负荷试验开始时责任即告终止。

如果被保险工程在保险单规定的保险期限内不能如期完工，被保险人要求延长保险期限，须事先获得保险人的书面同意，保险人同意后应加批单，并增收保险费。

保险期的保险期限从工程业主对部分或全部工程签发完工验收证书或验收合格，或业主实际占有、使用、接收该部分或全部工程时起算，以先发生的为准。但在任何情况下，保证期的保险期限不得超出保险单中列明的保证期。保证期责任投保与否由被保险人自行决定。

九、安装工程一切险的赔偿

（一）赔偿方式

安装工程一切险的保险标的发生保险责任范围内的损失后，保险人可以选择现金、修复或置换方式负责赔偿。

（二）赔偿金额

（1）物质损失部分的赔偿金额。这部分损失的赔偿金额按将被保险财产修复至其基本恢复受损前状态所需的费用扣除残值和免赔额后的金额为准。修复费用包括材料费、加工费、检查费用等。但应注意下列费用不应包括在内：尚未蒙受损失部分的检查清理费用，非保险复原修理费，拆卸处理费，修复后的试运转费，由于改变样式、改良性能所增加的费用，研究恢复受损保险标的方法的费用，恢复工作停止或停工期间的费用等。财产损失的赔偿金额以被保险财产损失前的实际价值扣除残值和免赔额后的金额为准。

若受损被保险财产的保险金额低于对应的保险价值时，也要按比例赔偿，即：

$$实际赔款 = \frac{赔偿金额 \times 某项目现行保险金额}{某项目的保险价值}$$

（2）安装工程一切险部分赔偿金额的计算同建筑工程一切险。

第六章 建筑工程施工项目的合同风险管理

建筑工程施工项目的实施需要签订一定的合同，这就使得建筑工程施工项目面临着一定的合同风险，这种风险主要是法律风险。建筑工程施工项目所面临的合同的法律风险主要有招投标风险、黑白合同风险、分包与转包风险等。这些风险的存在，可能会导致合同的无效，从而使企业遭受损失。由于我国建筑工程施工项目相关管理者缺乏足够的法律知识和意识，使得合同的风险管理存在一定的困难，因此必须提高对合同风险的重视程度，对建筑工程施工项目的合同进行有效的管理。

第一节 建筑工程施工合同中存在的法律风险

一、建筑工程施工合同法律风险概述

（一）建筑工程施工合同法律风险的定义

建筑工程施工合同是指建筑工程项目的建设单位通过招投标或其他方式发包后，由建设单位和承包单位就工程项目建设过程所订立的合同。建筑工程合同有广义和狭义两种，广义上的建筑工程施工合同包括建筑物的勘察、设计、建造、装修、改造和修缮等各种合同，而狭义上的建筑工程施工合同仅指建设工程的勘察、设计和施工合同。

合同法律风险，是指平等民事主体在订立合同和履行合同过程中，由于外部法律环境发生变化或者由于民事主体自身违反法定或者约定行使权利、履行义务而导致其承担不利法律后果的可能。所以，建筑工程合同法律风险主要是指建筑工程法律主体在参与工程项目建设过程中因其民事行为违反法律规定而导致的不利后果或经济损失。由于建筑工程合同法律风险伴随着整个工程项目建设的全过程，因此，避免因合同法律风险导致的经济损失、全面实现建筑工程合同目的、如何防范建筑工程合同的法律风险成了建设工程项目建设的核心所在。

（二）建筑工程施工合同法律风险的特点

建筑工程施工合同的法律风险涵盖在一般合同的法律风险范畴之中，建筑工程施工合同除了具有一般合同的法律风险外还有其自身的特殊性所带来的法律风险。具体表现在以下几个方面。

（1）建筑工程施工合同法律风险贯穿于工程项目始终，对其防范是一个长期的过程。建筑工程项目的建设的最大特点在于工程建设的周期长，从申报立项、招投标、订立合同、开工建设再到工程竣工验收乃至建成后的运营，这是一个具有连续性、逐步推进的活动过程，时间跨度长，法律风险也一直伴随在这个长期的过程之中。

（2）建筑工程施工合同中所存在的各个法律风险相互影响。工程项目的实施是一个复杂的过程，建筑工程施工合同的法律风险并不仅仅局限于某个部位，法律风险有可能因为其所具有的关联性而扩散发展，在一定条件下，甚至有可能牵一发而动全身。例如，勘察单位对勘察合同的履行的质量直接影响设计单位的工程设计，并最终影响到施工单位对工程项目施工的履行质量。因此，建筑工程法律风险管理者必须从合同风险关联性出发，对建筑工程施工合同风险进行全面考量，从不同角度进行建筑工程施工合同的风险防范。

（3）建筑工程施工合同的法律风险防范是一个动态的过程。一般的合同的履行是一个动态的过程，合同法律风险的发展也当然是一个动态过程。但是建筑工程合同与一般合同不同，建筑工程项目会根据工程进度的实际情况签订一系列的工程合同。法律风险的防范重点也应当是随着这些合同的不断签订、履行来不断地进行调整。

（4）建筑工程施工合同的法律风险的综合性。由于建筑工程必须严格按照相应的国标或其他省部级质量标准所规定的标准进行，导致建筑工程合同的法律风险不仅涉及法律这一门学科，还包含管理学、经济学、土木工程等多门学科的理论与实务操作，所以建筑工程施工合同法律风险防范方法具有综合性。

（5）建筑工程施工合同所蕴含的法律风险具有复杂性。建筑工程合同除了受《中华人民共和国合同法》《中华人民共和国建筑法》《中华人民共和国招标投标法》等多部法律的制约外，还受到国务院制定的行政法规及其所属部门所制定和部门规章的制约，以及工程所在地区颁布的地方性法规和当地行政管理部门制定的规章的制约，另外，最高人民法院颁布的司法解释和各个省、直辖市高级人民法院所颁发的审理建筑工程合同纠纷案件的审理意见等对建筑工程施工合同主体的资质要求、工程造价、施工许可、工程项目招投标、质量管理等法律风险也做出了详细的规定，对建设工程合同成立、生效、履行、合同解除、违约责任产生重要的影响。

（6）建筑工程施工合同的法律风险具有经济利益性。建筑工程本身作为固定资产投资的一种形式，对其法律风险的防范属于投资成本控制的范畴。对建筑工程合同的法律风险进行有效的识别和控制，可以避免违约责任的产生，节约资金成本、保障工程质量，同时确保工程能够按照工期计划如期交付。因此，从经济学的角度看，建设工程合同的法律风险防范对经济利益可以产生重大影响。

二、建筑工程施工合同中存在的法律风险

（一）招投标的法律风险

依照《建筑法》《招标投标法》的规定，建筑工程承发包应依法实行招投标程序。所谓建筑工程招投标程序，就是指在我国境内进行大型基础设施、公用事业等关系社会公共利益、公众安全的项目和全部或者部分使用国有资金投资或者国家融资的项目以及使用国际组织或者外国政府贷款、援助资金的项目等工程项目的建设施工，建设单位依法发布招标公告或邀请函，建筑施工企业按照招标文件的要求制作标书并向建设单位递交标书，以及开标、评标、决标和中标的过程。该程序明确提出了应遵循公开、公平、公正和诚实信用的原则。其目的就是在我国经济建设改革发展浪潮的大背景下，规范建筑工程承发包制度，保护市场合理、正当竞争，防止出现暗箱操作、恶意串通招投标、非法勾结权钱交易等不良现象，制止市场混乱无序甚至垄断状态，从而为市场经济建设大发展提供强有力的法律制度保障。

然而，我国目前建筑市场的现状是，一些建设单位为了达到让自己人承包施工建设工程项目、自身获得非法利益的目的，想尽一切办法规避招投标，故意将建筑工程项目肢解成若干个小型工程然后直接发包给事先已约定好或指定的承包商。但是按照《建筑法》《招标投标法》规定，该行为是违反法定招投标程序的，应依法认定为无效的。那么承包商与其签订的建筑施工合同也是无效的，承包商本可获得的合法利润就会被认定为非法所得了，甚至于工程款也会因此而大打折扣，即作为承包商的建筑施工企业的法律风险就随之产生了。此外，还有一些建设单位利用法无明确规定之机，钻法律漏洞，随意没收投标人投标的保证金。

（二）"黑白合同"的法律风险

所谓建筑工程施工合同"黑白合同"又称"阴阳合同"，是指建设单位与建筑施工企业就同一标的工程签订二份或二份以上实质性内容相异的合

同，通常"白合同"是指发包方与承包方按照《招标投标法》的规定，依据招投标文件签订的在建设工程管理部门备案的建筑工程施工合同。"黑合同"则是承包方与发包方为规避政府管理，私下签订的建筑工程施工合同，未履行规定的招投标程序，且该合同未在建设工程行政管理部门备案。

在建筑工程领域实践中，一些作为承包商的建筑施工企业屈服于发包人的压力而签订"黑合同"的情形是较为常见的现象，所以说实践中存在大量的建筑工程"黑白合同"。那么在具体实践中，到底是以哪份合同为准，是认定"黑合同"有效还是"白合同"有效呢？这在我国司法审判实践中，不同的审判机构有着截然不同的判决，这些判决给建筑市场主体带来了不同的价值导向，也给建筑工程交易活动秩序造成了很大的不稳定，并牵涉到工程款拖欠、工人工资拖欠等重大社会问题。为此，包括最高法院在内的各地法院相继出台了若干解释、纪要、指导意见、解答等规定，用以分析建筑工程"黑白合同"的法律性质，并指导审判实践，以求定纷止争。目前基本达成一致的观点是认为"白合同"有效。例如《招标投标法》第四十六条第一款规定："招标人和中标人应当自中标通知书发出之日起三十日内，按照招标文件和中标人的投标文件订立书面合同。招标人和中标人不得再行订立背离合同实质性内容的其他协议。"《最高人民法院关于审理建设工程施工合同纠纷案件适用法律问题的解释》第二十一条规定："当事人就同一建设工程另行订立的建设工程施工合同与经过备案的中标合同实质性内容不一致的，应当以备案的中标合同作为结算工程价款的根据。"按照上述规定做出认定判决，则对作为承包商的建筑施工企业明显不利。由此可见，作为承包商的建筑施工企业在签订建筑工程"黑白合同"的法律风险是显而易见的。

（三）违法分包与转包的法律风险

1.违法分包的法律风险

就建筑工程领域而言，所谓分包，就是指从事工程总承包的单位将所承包的建设工程的一部分依法发包给具有相应资质的承包单位的行为，该总承包人并不退出承包关系，其与第三人就第三人完成的工作成果向发包人承担连带责任。所谓挂靠，就是指建筑施工企业允许他人在一定期间内使用自己企业的名义对外承接工程的行为。挂靠是一种违法分包的行为，我国法律是不允许挂靠的，《建筑法》第二十六条已明确对挂靠行为做出了禁止性规定。因为挂靠行为很容易造成建筑工程项目管理混乱、施工不够规范、工程质量低劣、安全存有重大隐患，导致诉讼行为增多甚至造成严重亏损，严重扰乱了正常的建筑市场秩序，增加了社会不稳定因素，在一定程度上还会影响我国经济建设的发展速度。

在我国建筑市场，掌握了一定社会关系资源的个人由于欠缺建筑施工企业资质无法参与工程招投标和施工建设而挂靠于某些有资质的建筑施工企业，以及有资质的建筑施工企业利用无资质的劳务包工头、将劳务层层分包等早已不是什么秘密了。由于我国法律禁止挂靠，所以挂靠人与被挂靠就选择签订《合作协议》或《内部承包协议》来替代挂靠协议。但是依据我国《最高人民法院关于审理建设工程施工合同纠纷案件适用法律问题的解释》第四条的规定和《合同法》第五十二条的规定，挂靠人与被挂靠企业签订的《合作协议》或《内部承包协议》在司法审判实践中往往被认定为无效。倘若一旦发生纠纷，成为被告的则是被挂靠企业，挂靠人却逍遥法外。这就意味着责任风险要由被挂靠企业来承担。退一万步而言，即使对挂靠人享有追偿权，也得先行承担相应赔付责任。倘若挂靠人最终无力承担或干脆跑路，后果就可想而知了。这对于建筑施工企业而言肯定是不利的。因此，对于建筑施工企业而言，名为内部承包实为挂靠的行为做法是存在巨大的法律风险的。

2. 转包的法律风险

就建筑工程领域而言，所谓转包，就是指承包单位承包建设工程后，不履行合同约定的责任和义务，将其承包的全部建设工程转给第三人或者将其承包的全部工程肢解以后以分包的名义分别转给第三人承包的行为。我国法律是不允许转包的，《建筑法》第二十八条已明确对转包行为做出了禁止性规定。因为转包很容易造成不具有相应资质的承包者进行工程建设，以致造成建筑工程项目管理混乱无序、施工不够规范、工程质量低下、安全存有重大隐患，导致无谓诉讼行为增多甚至造成严重亏损，严重扰乱了正常的建筑市场秩序，增加了社会不稳定因素，在一定程度上还会影响我国经济建设的发展速度。

在我国建筑市场，中标的建筑施工企业将其承包的全部建设工程转给他人或者将其承包的全部建设工程肢解以后以分包的名义分别转给其他单位承包也早已不是什么秘密。因为我国法律禁止转包，中标的建筑施工企业就选择以《分包协议》的名义形式来代替转包协议。但是依据我国《最高人民法院关于审理建设工程施工合同纠纷案件适用法律问题的解释》第四条的规定和《合同法》第五十二条的规定，建筑施工企业签订的实为转包协议的《分包合同》在司法审判实践中是被认定为无效的。倘若一旦发生纠纷，中标的建筑施工企业则成了被告，至少也要承担连带责任、被没收违法所得，这就意味着责任风险要由中标的建筑施工企业来承担。如果情节严重的，还有可能被处以行政处罚：罚款和降低企业资质。这对于建筑施工企业而言肯定是非常不利的。因此，对于建筑施工企业而言，名为分包实为转包的行为做法是存在巨大的法律风险的。

（四）资质问题造成合同无效的法律风险

1. 承包人资质不符的合同无效

此类合同因承包人的主体资格不符合法律的强制性规定而无效。无资质或者超越资质等级承揽工程，不仅严重扰乱了建筑市场的正常秩序，也是造成建筑工程质量问题、工期延误、违约等各种纠纷的重要原因。而且，由于大型的建设项目一般都是经过严格的招标投标程序的，资质等级是招标投标程序中必须进行的审查内容，因此，无资质的施工人或超越资质承揽项目的情形一般不会发生在大中型建设项目的首次发包过程中，而是通过转包或违法分包参与进来，扰乱了建筑市场的正常秩序。

建筑工程的质量事关国计民生，因此对于建筑工程承包人的主体资质我国历来采取严格的标准，确立了建筑企业的资质等级制度，不允许无资质或超越资质等级许可业务范围的企业承揽工程。

《建筑业企业资质等级标准》规定各类施工总承包企业、专业承包企业、劳务分包企业依据其取得相应资质的条件及可承担建设工程施工的范围被划分为不同的等级。《建筑法》通过采用资质强制性管理制度对建筑施工企业实行主体准入管理。其第十三条、第二十六条进行了具体的规定，该规定属于法律的禁止性规定，违反该规定的即被认定所签订的合同无效。

总之，国家明确规定，承包人承包工程应当具备相应的资质，承包人未取得建筑施工企业资质或者超越资质等级的建筑工程施工合同无效。

2. 借用资质造成的合同无效

为了获得工程并逃避查处，目前建筑市场上比较常见的就是借用资质承包工程，即没有资质或者资质等级不符合工程资质标准的企业或个人，以有资质或资质登记标准与承包工程所要求相符的施工企业的名义签订承包工程合同。但在合同签订后，名义上的工程承包人并不实际施工，而是由不具备资质或资质等级较低的企业或个人完成。合同上的名义承包人则在向实际施工人收取少量的管理费（或其他名目的费用）后，将发包人拨付的大部分工程款转交给无资质或低资质的实际施工人。

这种借用资质的行为不仅违反了国家关于建筑工程的资质管理制度，更是造成建筑工程层层转包、质量事故、拖欠工人工资等各种纠纷和矛盾的重要原因。借用资质是《建筑法》明确禁止的行为之一。同时，《最高人民法

院关于审理建设工程施工合同纠纷案件适用法律问题的解释》也明确规定，没有资质的实际施工人借用有资质的建筑施工企业名义的，所签署的建设工程施工合同无效。

第二节　建筑工程施工合同风险管理的应对

一、建筑工程施工合同风险管理应对的宏观措施

（一）提高法律风险意识

一要培养企业领导风险意识。通过对企业法律风险成因分析，企业领导人的法律意识直接决定了企业的法律风险管理好坏。培养企业领导者的法律风险意识，认识到法律风险的存在并积极主动采取措施进行管理，这样才能带动企业其他员工开展法律风险管理工作。培养企业领导的法律风险意识并非是对其进行具体法律专业知识的培训，而是培养其用法律手段解决问题的行为习惯，在纠纷或问题出现的第一时间采取法律手段进行维权，而不是通过人情、关系解决问题。

二要提高员工法律风险意识。企业员工的法律风险意识以及所具备的技能是企业防范法律风险的第一道屏障，通过对员工进行施工合同方面的法律知识培训来提高员工的法律风险意识，让员工熟悉施工合同的重要合同条款以及合同履行过程中的关键节点，认识到潜在法律风险以及所产生的法律后果，通过法律知识培训让员工掌握本职工作所应具备的技能和法律信息。

（二）引进专业法律人才

建筑工程施工合同是专业性比较强的一类合同，在对该类合同进行法律风险管理时，需要法律专业人才防范法律风险。引进法律专业人才，成立项目法律顾问组，专门负责企业施工合同的法律风险管理。项目法律顾问组由项目法务经理、外聘法律顾问律师、法务联络员共同组成。项目法务经理由企业自行选任，具备法务部门的企业可以选定法务部门负责人兼任项目法务经理，若企业尚未设立法务部门则可以由经过法律培训后的业务经理兼任；根据一定的标准（例如项目的合同标的金额、法律关系的复杂程度）聘请外部律师作为法律顾问为施工合同提供专项法律服务，而对于项目法务联络员的选任则可以适当地放宽标准。关于项目法律顾问组的人员人数，可以根据企业的人员情况以及工程的大小、周期进行选任和指派，以上人员必须具备一定的法律知识。建立项目法律顾问组，可以明确施工合同法律风险管理的

职能部门，由项目法律顾问组从法律风险防范的角度对合同管理法律方面的问题进行指导、提出意见和提供服务。

（三）加强施工合同管理

很多企业虽将法律风险管理纳入企业的合同管理流程中，但因职责不明，历经多道流程仍无法有效地控制法律风险。企业合同管理流程普遍存在以下两个方面的问题：第一，企业只注重合同签订前合同文本的审核以及签订程序合法合规，却忽视合同履行过程管理，从诉诸法院的纠纷引发原因来看大多数是由于实际履行出现问题；第二，企业普遍适用的流程本身并不存在大问题，但企业没有细化流程所涉及的责任部门及具体职责，导致员工产生惰性与依赖性，将合同法律风险的防范都寄托在其他环节。

合同管理流程只是指明具体事务的处理程序，若企业未建立相应的机制予以配套，该合同管理流程只会流于形式，无法真正达到控制法律风险的目的。对企业施工合同法律风险进行管理，必须将合同管理流程细化，加入企业组织机构，明确每个流程中涉及的部门，同时建立每个流程的附表，将法律风险控制的具体措施融入每个阶段的工作内容中，通过设定工作目标以及应取得的工作成果，有效监控法律风险管理的实施情况。

合同文本记载着合同各方的权利义务，同时起着证据的作用。企业在工程活动过程中对外所使用的文本与法律风险有着重要联系，它既可以给企业带来法律风险也可以最大限度地防范法律风险。当发生合同纠纷寻求救济时，合同文本经常被作为证据向法庭或仲裁庭提交，而对外交往的文本一旦形成就很难通过后期努力进行更正，建立施工合同文本管理台账，统一由专人负责收发。加强合同的证据意识，重视建筑工程施工项目合同文本管理，不仅可以大大地提高工程项目的经济性、效率以及安全性，同时可以使得施工合同法律风险管理取得事半功倍的效果。

建筑工程施工合同涉及的对外文本为建设工程施工合同、签证、函件等。企业在选用示范文本时，应吃透示范文本中的各项约定，对于示范文本通用条款中大量过期作废或视为默认的条款，企业应引起重视，根据自身的约束条件在专用条款部分予以特别约定，同时注意示范文本中对自己有利与不利的条款。企业在设计合同文本时，了解企业之前发生的纠纷争议焦点、收集发包方和监理及企业内部各部门的投诉建议，结合企业项目目标，挖掘发包方需求，同时收集公司之前的合同文本及发包方常使用的合同范本。通过前期的资料收集以及法律调研后，对建筑工程施工合同进行相应的修改与调整。同时，将草拟好的合同分发各业务部门、合同管理部门、财务部等，广泛听取意见，针对合同所涉及的各部门的具体事项进行沟通讨论，然后由法律顾问组结合所反馈的信息进行修改定稿。

（四）完善施工合同法律风险制度建设

企业的制度分为管理制度、激励制度和绩效考核制度。企业通过管理制度对员工的行为进行约束和引导，通过绩效考核制度对管理制度执行情况进行评判。将施工合同法律风险管理作为企业日常管理的一部分，就必须将各部门、各责任人在合同法律风险管理中的具体职责通过规章制度的方式进行明确。企业通过管理制度来约束和引导员工的行为，根据建筑工程施工合同法律风险现状以及产生法律风险的原因在相应的管理制度中设置关键控制节点，通过执行企业的规章制度来控制法律风险。对于建筑工程施工合同法律风险管理来说，除建立企业管理制度外，还必须针对合同管理制定专门的制度，如《合同管理办法》《合同专用章管理规定》《合同审查、会签、审批管理规定》等。

企业在进行规章制度体系建设时，必须对自身现有的各项规章制度进行梳理，认真分析现有的规章制度之间的内在逻辑联系，修改与现行法律规定相冲突的条款，通过建立激励制度和绩效考核制度来保证企业合同管理制度、业务规范、技术规范、个人行为规范等都能得到有效的实施和执行，进而保证企业施工合同法律风险管理"有法可依"。

二、建筑工程施工合同法律风险应对的具体措施

（一）招投标的法律风险应对

目前我国建筑市场处于买方市场，各承包商之间竞争激烈，有的承包商为了承揽工程而盲目投标，为日后遭受损失留下了隐患。在确定投标方向时应本着能够最大限度地发挥自己的优势、符合企业经营总战略的原则。因此，承包商在选择拟投标工程项目时需要详细收集工程信息，综合分析考虑工程项目的特点、性质、规模、企业自身实力、业主资信状况以及竞争对手状况等，确定正确的投标方向。

建筑工程施工合同作为合同的一种，其订立要经过要约和承诺两个阶段。签订施工合同时，要约和承诺主要表现为招投标的方式，招标文件则相当于业主对承包商的要约邀请，而且在招标文件中，几乎涵盖了合同文件的全部内容。承包商应严格按照招标文件的规定进行投标，如果由于承包商对招标文件理解错误而造成的损失则应由自己承担，业主不负责任。因此，承包商必须认真研究业主提供的招标文件的每一个细节和各种相关信息。在现场考

察前，若是在分析招标文件时发现问题，比如有错误、矛盾或者自己不理解的地方，应当在现场考察后以书面形式业主提出，业主则应做出书面回复，业主对这些问题的书面解释具有法律约束力。

承包商要想在激烈的投标竞争中获胜，既中标赢得工程项目，又想从中盈利，就需要认真研究投标策略，用来指导投标全过程。报价策略的正确与否，将对投标企业能否中标以及中标后实施工程的盈亏起决定性作用，任何投标报价策略都是以其投标报价能够使业主接受、中标后能获得更多的利润为前提。因此，在制定投标报价策略时要综合考虑承包商自身特点、企业经营策略、投标报价技巧、市场竞争程度、合同风险程度等因素，以调整那些不可预见的风险费用和利润水平。投标报价通常都不等于合同价格，因为在合同谈判时可以调整报价；合同价格与工程实际结算价格也不一样，因为在履行合同的过程中可以通过索赔来弥补自己的损失，调整合同价格。总之，投标者要想有效降低投标风险、提高中标率并获得较高的利润，就必须制定合理的投标报价策略。

（二）"黑白合同"的法律风险应对

1. 承包人的应对

在建筑工程当中，承包方往往处于弱势地位，因此，承包方应该尽可能采取措施，预防、避免"黑合同"带来的弊端。

（1）加强对施工合同法律强制性规定的掌握。

我国目前的立法已经初步形成以建筑法为主的建设工程法律体系，国家法律、国务院法规对建设工程从不同的角度已做了许多规定，其中不乏强制性规定。而当事人的合同或相关条款一旦违反了这些强制性规定则会导致合同全部或部分无效，同时司法解释也表明了司法过程中的趋向，即否定"黑合同"的效力。因此，建筑工程企业必须全面掌握法律法规有关建筑工程合同的强制性规定，必须做到不违反这些规定，尽可能不另行签订"黑合同"。

（2）加强对建筑工程合同无效的法律风险防范意识。

建筑工程合同无效、确认无效的政策界限以及处理原则，是企业承揽业务的经营决策问题，又是一个疑难复杂的法律问题，它与建筑工程企业的利益休戚相关。各领导要本着对企业负责的精神认真学习有关规定，增强法律意识，加强防范意识，真正搞清楚、弄明白，才能在日常工作中结合实际，采取有针对性的措施，防微杜渐，使企业签订的建筑工程合同合法有效。

（3）尽量避免"黑白合同"的签订。

如果为了备案的需要被迫签订了对施工企业不利的"白合同"，可以看一下"白合同"有无违反《中华人民共和国招标投标法》及《中华人民共和国招标投标法实施条例》的规定。例如，《招标投标法实施条例》第三十九条规定了五种属于投标人相互串通投标的情形，第四十条规定了六种视为投标人相互串通投标的情形，第四十一条规定了六种属于招标人与投标人串通投标的情形。如果有的话，可以坚持"黑白合同"无效，并将符合双方当事人真实意思的、在施工中具体履行的那份合同作为工程价款的结算依据。

（4）加强对合同履行的管理。

合同签订生效后，在履约过程中应加强管理，可以使承包方掌握部分主动权。实践证明，不少存在疏忽和瑕疵的合同，通过有效的履约管理可以得到及时地纠正和完善。

因此在建筑工程合同的履约过程中，承包人要对正在履行的合同深入研究，及时发现在签约时存在的法律问题，并及时采取措施予以解决。发现合同中的相应条款违反国家法律法规强制性规定的，要及时向发包人发函交涉，力图通过双方协商达成补充协议，将来一旦争议提交到法院，承包人据此可在合同被确认无效时证明承包人早已正式提出，以免除承包人的过错责任。

2. 发包人的应对

作为建设工程发包人，虽然签订"黑合同"有利于实现自身利益的最大化，但是依照目前的法律体系，一旦争议提交到法院，且被确定为"黑合同"，则"黑合同"无效，以"白合同"作为解决争议、确定双方权利义务的依据。

因此，从法律上来说，存在"黑白合同"的案件，一旦争议提交法院，签订黑合同对建设工程发包人并非有益。所以，建设工程发包人首先应该明确法律上认定"黑合同"的标准，避免签订明显被确定为"黑合同"的协议，签订"白合同"后，如希望尽可能实现自身利益最大化，则尽量通过合同变更的方式，与承包人达成一致意见。

（三）分包与转包的法律风险防范

1. 加强相关知识与法律的学习

建筑项目在申报成功到招标前，要对建设单位工程管理人员进行廉政教育、专业知识培训，警示有违法乱纪想法的人员，起到事前控制的效果。

对参与工程建设相关的单位和人员要经常进行法律法规、纪律和职业道德等方面的教育；加强施工单位管理层的思想教育、专业知识学习、法治教育，改变他们之前的各种违法竞争与违法执业的观念，通过思想教育和专业知识学习让他们向良好的职业道德、职业行为转化，逐步实现以专业的技能、科学的管理、优质的服务竞争取胜，经过学法实现懂法和守法。

2. 加强审查监督与管理

工程招投标资格审查时，严格审查各投标单位资质、从业人员执业资格；落实工程开工前各主体单位见面会及图纸会审时到会人员的真实情况；人员签字的笔迹作为每次工作检查、资料签字的比对依据，工程现场实行不定期、不提前通知的检查；施工现场设置的"阳光台"要有管理技术人员的照片，照片必须是建设工程备案时的相关人员，并且与现场人员相符；对在建工程进行摸底排查，包括各参建单位的基本概况、项目部设备机器、人员到位情况、工程款资金流向等信息。

3. 加强对施工的监控

在建筑工程施工现场建立监控系统并联网，工作人员到岗打卡记录能在监控系统中反映，监督管理部门通过监控系统能够实时查询信息，确保人员到岗及人员的真实情况。

第三节　建筑工程施工合同风险管理体系建设

一、建筑工程施工合同风险管理体系概述

建筑工程施工合同法律风险管理体系服务于造价、工期、质量等方面的控制，应在体系架构上按项目管理生命周期进行构建的模式，将合同生命周期各阶段的相关工作"串"起来，建立风险与效益兼顾、商务经济与法务融合的复合型合同法律风险管理工作体系。

法律风险管理流程的组织实施需要一个法律风险管理体系，包括风险管理的方针、组织职能、资源配置、信息沟通机制等基础配套设施。而施工合同法律风险管理体系的核心是建立以合同文本为载体，以签约把关、履约监控为基础工作和基本目标，以合同风险防控、效益提升为核心价值的由管理流程、组织及职能、制度及信息管理系统组成的合同法律风险管理工作体系。该体系包括三个层次的含义：

（1）在载体上将风险控制落实到对企业管理制度、流程上，具体包括高效合理的合同法律风险管理流程、组织及职能、制度、信息系统、纠纷应对体系等；

（2）根据企业的业务流程，将相应的风险管理要求切入企业日常经营之中；

（3）按照各部门的职能分工，将相应的风险管理职能分解到各个部门。

在法律风险管理体系的组织架构的建立过程中，企业应当做好部门职能

的设置及职能分解，理顺法律部门及其他各业务部门的管理职能。这对将法律风险管理流程付诸实施至关重要。而制度直接决定了组织和个人的全部行为，引导、激励并约束着员工的行为。如果说制度规定了能够做什么、不能做什么，那么流程则规定了该怎么做、不该怎么做。

在法律风险管理信息系统的建设过程中，企业各业务单元、各层级共享的文档和信息系统可为法律风险管理体系有效运转提供数据和信息技术支持，同时也是一个有效的沟通、监督平台。例如：可建立一个法律风险登记手册，记载企业面临的各类法律风险、风险源、评估信息等；信息系统企业也可引进风险管理软件，加强企业信息系统基础设施建设。

法律风险管理体系所包含的基础配套设施中还包括一个重要的环节，即法律风险管理培训体系的建立。施工企业法律风险管理培训体系是施工企业法律风险管理体系正常运作的前提和基础。进行法律风险培训的必要性在于以下几个方面：

（1）有利于提高企业管理人员的法律风险防范意识；

（2）有助于企业明确应该注意哪些法律风险及可以采取哪些措施；

（3）相当于请了一个法律顾问，成本非常低且效果非常好。

因此，应当定期或不定期对员工进行企业法律风险管理方面的培训，逐步提高企业员工的法律意识，深入理解企业法律风险管理的重要性及现实意义。

二、建筑工程施工合同法律风险管理体系的构建

实现建筑工程施工合同法律风险管理体系的具体步骤包括措施策划、执行方案、实施评估及改进三个阶段。

第一阶段，措施策划，具体包括部门设置、岗位设置、管理职能的安排、管理流程（流程图）的制定、管理制度（图表）的制定。其中管理制度包括：①合同签订、复核及审批制度；②合同归档制度；③公章、合同章管理制度；④合同动态管理制度；⑤标准（工作模板表格、合同检查表格、检查考核评分细则等）、指引。

第二阶段，执行方案，即对员工进行指导、培训、绩效考核。

第三阶段，实施评估及改进，即发现问题、及时纠正、及时改进。

三、建筑工程施工合同法律风险管理保证体系的构建

为了实现施工合同法律风险管理体系，企业还需建立施工合同法律风险管理保证体系，该体系包括"一个系统＋两个制度"，即文档控制系统、报

告和行文管理制度、合同资料的收集保管制度。

（一）文档控制系统

合同法律风险管理文档控制系统是以流程图＋工作模板表格（"图＋表"）为突出特点的标准化体例形式，这样才能凸显操作性、适用性，具体包括：管理流程图＋管理规范条款＋管理模板表格及标准文本体系。

文档控制系统对各管理环节的管理机制，通过画流程图的方式，规定了企业各部门之间、企业与项目之间的职能业务衔接关系，业务流程形象清晰、一目了然。而且每个环节都制定了工作模板表格，且从专业角度将基本、关键的管理要素要求全面落实在管理表格中。这些表格更多的不是纯流程性质的空表，而是工作模板意义上的表格，为建立管理责任机制提供了基础。同时还应当将管理制度规定较全面的落实到合同法律风险管理文档控制系统中，使之成为更有体系性和操作性的规范条款、流程、模板等。

同时，企业应当将基本、关键的管理要素要求全面落实在标准化的合同检查工作模板表格中，如项目法律顾问服务工作内容一览表、项目法务联络员工作一览表、检查考核评分细则标准等。

标准文本体系是指由施工企业制定的并在商业运作中首选的合同或条款，其中包括但不限于标准文本及谈判要点等。

施工企业建立标准文本体系，不仅可以大大提高施工企业的工作效率，更能有效控制法律风险，更好地维护施工企业的合法权益。从目前的形势来看，施工企业制定标准文本体系是大势所趋。

1.标准文本体系的构成

标准文本体系应由标准文本及谈判要点构成。

①标准文本。施工企业的标准文本及条款虽然也是施工企业预先拟定的，但在合同签订中不要以格式合同的形式出现，而要以合同建议稿的形式提供给合同相对人作为谈判的基础。在合同谈判中，施工企业虽与合同相对人进行协商，但必须坚持标准文本是不得变更的。

施工企业的标准文本及条款实际上规避了格式合同的形式，是施工企业标准文本体系的重要组成部分。

②谈判要点。谈判要点是施工企业制定的在合同谈判过程中或拟签合同中应当必备的主要合同条款。谈判要点通常是施工企业在商业活动中处于劣势地位时使用的，谈判要点是施工企业谈判的底线。

2.标准文本体系的建立

施工企业应当根据业务需要构建标准文本体系。标准文本体系的构建同样是一个技术含量非常高的法律活动，在构建过程中应当注意以下几个问题。

（1）合同制定需由律师负责。

施工企业签订的合同必须符合《合同法》等法律法规，此外还应符合大量的行政法规、地方法规、部门规章及司法解释。同时，合同还要符合施工企业商业目的。起草合同的内容必须保证合同条款，尤其是主要条款的完备；合同条款和文字应当协调统一，做到合同及条款的唯一解释。可见，起草一个合同并非易事，而制定一个完备的合同体系难度可想而知。因此，聘请律师事务所协助施工企业建立标准文本体系应为首选。

（2）标准文本体系应不断完善。

法律在不断进步，市场环境在不断变动，这些因素都决定了标准文本体系需要不断地调整和完善。企业应当从两个方向对标准文本体系进行不断完善。

一是不断丰富标准文本体系的内容。很多施工企业都不重视谈判要点的制定，这一点应引起注意。由于企业在商业活动中强势或劣势的地位是在不断变化的，而且还要面对公平原则、诚实信用原则等民事法律基本原则的约束。因此，施工企业在标准文本体系中必须将谈判要点作为标准文本的有效补充，并充分发挥谈判要点的作用，使标准文本体系名副其实。

二是适时更新标准文本体系中的版本。由于市场环境和法律环境是不断变化的，相应标准文本体系中的版本也需要进行不断的和持续的调整。

综上所述，施工企业标准文本体系是施工企业合同法律风险管理体系中文档控制系统必备的一个子系统，在施工企业合同法律风险管理体系中发挥着非常重要的作用。

此外，企业还可以制定《工程项目法律事务工作管理办法》《合同评审风险要素指引》《合同法务策划工作指引》《施工合同审查指引》《签证索赔工作指引》。在具体机构设置、表格、术语等方面，企业应注意与项目管理工作保持一致。这样才有利于做好相关实务工作，保障实现合同风险防控和效益提升核心价值的最大化。

（二）报告和行文管理制度

报告与行文管理制度主要包括收文管理制度、发文管理制度等内容，其核心是合同资料、签收"收发文登记簿"，以及相应的授权管理。

建议施工企业对收文和发文实行分别登记、分类管理。特别在施工合同履行过程中，建设单位、监理或工程师与施工企业往来各类函件较为频繁，如果不进行分类管理，容易出现管理混乱，不利于相关文件的管理，也不利于日后诉讼过程中向法院提供相应证据。

1. 收文管理

收文管理的流程主要包括收文、登记、拟签、阅批、分流、承办、归档等。

凡是从外部送达的文件，包括上级来文、公司内部来文、建设单位、监理或工程师的来文（传真、信函和其他文字材料），一律由承包人、项目经理或委派专职人员在收文登记簿上负责签收。

收文管理应根据文件类型与内容进行分类登记。收文登记簿还应注明发文单位、主要内容、签收人、签收日期等。

收到相关文件后，管理人员应及时将收文交由企业相关部门或有权处理的相关人员进行及时处理和回复，同时注意回复的时间要求及时效问题。尤其在合同履行中，建设单位、监理或工程师等下发的指令、工程涉及变更、会议纪要等文件时，施工企业更应该注意时效问题，应及时回复，以免权利丧失，利益遭受损失。

2. 发文管理

公司所发出的一切文件材料，统称发文。发文处理包括拟稿、核稿、签发登记、归档等环节。

拟稿就是草拟文件的初稿，这是发文处理的第一道程序，是关系到文件质量的基础工作，必须十分认真细致。核稿即对文件草稿进行审核。施工企业应制定符合自身需要的文件的基本格式和要求，并对草稿的体式、内容等进行全面的审核。施工企业需要向建设单位、监理或工程师发函时，应按照统一的格式文件（如工程联单等）进行发函或回函，并交由经施工企业授权的代表审批、签发。施工企业对外发文内容涉及施工合同履行等事关权利义务和责任的事项，建议在签发之前交由公司法务部门或者会同律师共同审核。经过法律人员审核无误后，再进行签发，以降低相关风险。

在发文时，应当在发文登记簿上进行登记，登记内容包括文件名称、文件内容、收文单位、发文日期等。对于所发文件，施工企业应当妥善保管一份留存。

此外，施工企业或项目部应明确收发文管理人员的权限和职责，并根据自身情况建立收发文管理制度，以实现收文管理的准确性、完整性及反馈的及时性。施工企业加强收发文管理，还要注意妥善保管收文资料，以免丢失或毁损，从而避免相关风险。对于企业发文，企业应留存发文原件，并保留邮寄凭证、公证文书等相关证明送达的资料，以避免事后无法举证问题。

(三)合同资料收集保管制度

合同资料保管是解决证据完整性最重要的措施,是解决索赔过期作废最重要的对策,且有利于及时有效实施签证、索赔、决算。合同资料保管的核心是定人专管。具体包括合同资料台账的明细、合同资料应包括的内容及注意要点。

合同资料的收集保管应当关注以下几方面内容。

1. 合同内容

采用书面形式的合同资料,应为原件;采用电子格式的合同资料,要求文件未经过技术处理或人工编辑处理;照片和音像等资料,要求保存最为原始的记录。

合同资料的签署应由授权组织和人员在授权范围内签署。合同资料的真实性可通过第三方查询、函证、承诺、担保等方式补强。在合同资料收集方面,企业应该考虑合同资料与项目经济、风险、商务活动的关联性,以此确定收集范围,确保收集资料的全面、准确、完整。企业还可参照《建设工程文件管理归档整理规范》进行案卷的归档、排列和编目。

2. 合同收发

首先,要按照上文中的内容建立收发文台账。其次,对接收和发送的文件进行分别管理,具体包括:对于预接收的合同资料,施工企业应当严格审核内容,慎重签收;拟发送合同资料的内容应当具体、明确,确保达到足以实现发送合同资料的目的;发送或接收合同资料,对风险情况不能准确判断的,须由项目合约商务经理审核后方可实施;对于接收或拟发送的足以影响工期、质量、价款等重要事宜的合同资料,须经项目主管领导及相关职能部门会签同意后,方可接收或发送;采用直接送达方式发送或接收合同资料,须经对方负责人或负责收发工作的职能部门人员签字并盖章。同时,将有效签收或发送的合同资料连同签收或发送凭证存档并妥善保管。最后,合同资料发送的方式包括挂号信邮寄发送、专递形式、发送公证送达。

3. 合同传递

合同资料传递采用就近、授权原则,由具备授权权限的人员收发。负责具体收发合同资料的人员,按月(或周,企业可以根据自身情况确定)将有关资料移交项目合同资料管理员。合同资料管理员按月(或周,企业可以根据自身情况确定)上报资料台账至企业合同管理部门。项目正式移交前或停工前一周内,项目合同资料管理员将有关合同资料移交企业合同管理部门。

4. 合同保管

合同履行完毕后，将合同资料按归档要求整理并移交企业合同管理部门保管。项目合同资料管理员负责合同及附件的复印件、合同履行过程记录和合同履行控制记录原件的保管，包括保存、借阅、回收等。对于足以影响工期、质量、价款等重要事宜的合同资料，企业合同管理部门认为有必要的，可要求项目资料管理员将原件上交。合同归档后，需要借阅使用的，按照档案管理办法有关规定执行。对于合同资料，相关人员应当遵守企业的保密制度，合同资料未经企业许可不能传播、转让、复制。

第七章　建筑工程施工项目不同类型施工的风险管理

在不同环境下进行施工的过程中，也会面临相应的安全风险，这就使得建筑工程施工项目不仅要提高施工技术，也要重视风险管理水平的提高，保证各种环境下施工安全、顺利地进行。本章主要对隧道工程施工、基坑工程施工、地下工程施工的风险管理进行研究。

第一节　隧道工程施工的风险管理

一、隧道工程施工概述

隧道工程施工过程一般包括以下内容：在地层内挖出土石，形成符合设计断面的坑道，进行必要的支护和衬砌，控制坑道围岩变形，保证隧道工程施工安全和长期安全使用。

由于各隧道所处地区的地质水文条件的不同，同时各隧道的长度、断面尺寸、衬砌类型、使用功能也都各不相同，这就决定了隧道工程施工方法的多样性。我们选择隧道工程施工方法时应该遵循经济合理、安全适用和技术先进的原则。根据隧道穿越地层的不同情况和目前隧道工程施工方法的发展，将隧道工程施工方法进行分类，如图 7-1 所示。

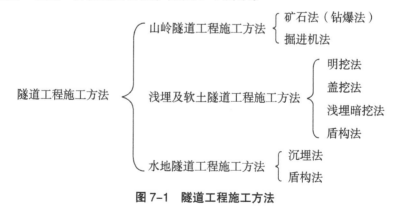

图 7-1　隧道工程施工方法

　　隧道工程施工技术主要研究解决上述各种隧道工程施工方法所需的技术方案和措施，隧道穿越特殊地质地段时的施工手段，隧道工程施工过程中的通风、防尘、防有害气体及照明、风水电作业的方式方法和对围岩变化的量测监控方法。

　　隧道工程施工和工程实践有密切联系，因此应将理论与生产实践紧密结合。由于地质勘探的局限性和地质条件的复杂性及多变性，隧道工程施工过程中经常会遇到突然变化的地质条件、意外情况，原制定的施工方案、施工技术措施和施工进度计划等也必须随之变更，否则将引起风险事故的发生，造成重大的损失，影响隧道工程施工工程的顺利进行。

二、隧道工程施工中的风险因素

　　由于地质条件、隧道工程施工工艺复杂，技术要求高、隧道工程施工管理难度大、组织协调复杂，工程量大、工期长、投资大，施工环境复杂等原因，在隧道工程施工阶段，时常有以下一些风险事故发生。

　　1. 塌方、掉块风险

　　隧道工程施工阶段塌方、掉块风险产生的原因主要有断层、软岩变形、地质构造出现变化、初期支护到达时效和施工质量差等。该类风险的险源通常为地质、地形、施工因素。在隧道工程施工阶段此类风险事故的发生概率为很可能，造成的后果很严重。

　　2. 突水、突泥风险

　　隧道工程施工阶段突水、突泥风险产生的原因主要有：岩溶、断层等地质构造出现变化，隧道开挖异常，隧道工程施工期防排水作业不到位，初期支护及衬砌不牢固等。该类风险的险源通常为地质、地形、施工因素。此类风险事故的发生概率为很可能，造成的后果比较严重。

　　3. 瓦斯爆炸风险

　　隧道工程施工阶段瓦斯爆炸风险产生的原因主要有：通风不良、火源控制措施不完善、隧道的施工开挖异常等。该类风险的险源通常为地质、施工技术、人员因素。在隧道工程施工阶段，此类风险事故的发生概率为偶然，造成的后果比较严重。

　　4. 大变形风险

　　隧道工程施工阶段大变形风险产生的原因主要有：围岩的性质出现变化、施工开挖异常、初期支护及衬砌不牢固等。该类风险的险源通常为地质、地形、施工技术因素。此类风险事故的发生概率为很可能，造成的后果比较严重。

5. 岩爆风险

隧道工程施工阶段岩爆风险产生的主要原因是施工爆破扰动了原岩，岩体受到了破坏，使得掌子面附近的岩体突然释放出潜能。该类风险的险源通常为地质、地形、施工因素。此类风险事故的发生概率为可能，造成的后果比较严重。

6. 机械伤害风险

隧道工程施工阶段机械伤害风险产生的主要原因有：施工人员的误操作、机械设备的故障等。该类风险的险源通常为人员、设备、施工技术因素。此类风险事故的发生概率为可能，造成的后果比较严重。

7. 爆破伤害风险

隧道工程施工阶段爆破伤害风险产生的主要原因有：施工人员的误操作、现场施工管理不到位等。此类风险的险源通常为人员因素。此类风险事故的发生概率为可能，造成的后果比较严重。

8. 环境破坏风险

隧道工程施工阶段环境破坏风险产生的主要原因有：施工人员的误操作、施工管理不到位等。此类风险的险源通常为人员因素。此类风险事故发生概率较小，造成的后果一般不太严重。

三、隧道工程施工的风险管理措施

（一）隧道工程施工风险管理的技术措施

1. 加强爆破安全管理

施工单位在爆破装药前一定要认真检查工作面有无险情及附近支护是否牢固，发现危石应先排除险情或加固后方可作业，并严格按照爆破设计规定的装药量装药，按要求堵塞炮眼。实施爆破前，所有人员和机械应撤离现场到有效距离，要仔细听清响炮个数，若有哑炮，要及时进行处理，确认安全后方准进入作业。同时，在隧道工程施工中，有瓦斯穿过地层时，要预先确定瓦斯探测方法，及时监测瓦斯浓度，架设机械设施进行通风。

2. 加强支护

隧道初期支护的施工质量直接关系到隧道结构安全性和耐久性，同时为防止落石、坍塌等引起伤人事故，隧道工程在开挖时，应该有超前支护的保护。一是严格砼喷射工艺，加强隧道初期支护施工设备机械进场管理，杜绝干喷、潮喷设备进入工地现场；二是严格施工管理，监理单位在审查初期支护的开工报告时，必须现场核实砼湿喷设备的数量和规格型号，方可批准开工报告；

三是加强施工工艺控制，进一步明确施工工艺控制要求；四是要做好施工质量检查，严格执行施工自检和报验程序；五是落实各个环节的质量。

（二）隧道工程施工的风险应急处置措施

1. 应急预案制定

隧道工程施工阶段风险应急预案准备如下。

（1）施工前，施工单位须按照《铁路隧道工程施工安全技术规程》编制应急预案。

（2）参建各方必须建立应急组织机构及预警、指挥系统，指定专门的管理部门和人员负责应急救援预案管理工作。

（3）应与附近医院、消防队、临近施工队伍及其他救援组织建立正式的互助协议，做好相应的安排，确保在应急救援中及时得到外部救援力量和资源的援助。

（4）隧道工程施工中必须配备必要的救援物资和设备器材，并设专人管理，对配备的应急救援机械设备、监测仪器、堵漏和清洗消毒材料、交通工具、个体防护设备、医疗设备和药品、生活保障物资等，应进行定期检查、维护和更新，确保应急救援物资和设备能随时投入使用。

（5）隧道工程施工必须事先规划逃生路线，并在隧道适当位置设置避难、急救场所，避难处应准备足够数量的逃生设备、救护器械和生活保障品等。

（6）隧道内交通道路及开挖作业等重要场所必须设置安全应急照明和应急逃生标志，应急照明应有备用电源并保证光照度符合要求。

（7）隧道工程施工期间各施工作业面必须安装警报装置，警报装置的设置应符合下列规定：

①设置警报设备的场所，应有应急照明，并在停电时能够识别；

②使用电源的警报设备应配备备用电源；

③警报设备应采用手动警报设备、自动警报设备、放置灯、广播设备用的扩音器及其他警报设备，组合使用，互为备用，保证其性能可靠。

（8）隧道工程施工期间通信系统必须保证畅通，及时掌握现场情况，同时应满足下列要求：

①必须在现场各应急组织相关部门、洞口值班室、开挖工作面及其他必要的地方设置通信设备：

②使用带电源的通话装置应配备备用电源，保证停电时不影响使用；

③通信设备应采用洞内有线电话，并保证其性能可靠。

（9）根据现场实际情况，必须定期组织应急预案的桌面演练或模拟演练。

演练前应结合施工环境和以往演练的情况制订计划，演练后应及时评审，并不断改进和完善应急救援体系。

（10）隧道内所有施工作业人员必须经过应急救援培训。应急救援培训应包括下列内容：

①了解潜在危险的性质和对健康的危害；

②熟悉应急救援程序；

③掌握必要的自救及互救知识；

④了解预先指定的主要及备用逃生路线、集合地点及各种避难急救场所位置；

⑤了解各种警报含义，掌握警报设备、通信装置、避难器具等的使用方法。

2.应急救援措施

当隧道工程施工中发生风险时，应迅速做出判断，确定相应的响应级别，并按响应级别启动应急救援程序，同时根据下列各项要求，迅速开展风险事故的侦测、警戒、疏散、人员救助、工程抢险等有关应急救援工作。

（1）值班人员和安全负责人应立即通过警报装置通知隧道内所有作业人员紧急撤离，险情信息第一时间报告给建设单位。

（2）现场最高管理者应负责指挥疏散撤离，各级调度人员应坚守岗位，保持通信畅通，及时反馈人员撤离及险情出现情况等信息。

（3）应及时上报地方政府或相关救助部门，请求紧急救援，做好相关配合工作。

（4）现场应采取安全警戒或隔离措施，防止其他人员进入危险区域，避免灾害损失的扩大。

（5）进行风险事故原因分析，收集事故物证，调查引发事故的具体原因和相关责任人。

（6）制定相应的预防措施和工程处理措施，上报建设、设计、监理和相关单位，按批复的方案对事故进行处理。

第二节　基坑工程施工的风险管理

一、基坑工程施工概述

伴随着城市建设的快速发展，基坑工程越来越多，同时基坑工程施工过程中也发现越来越多的问题。因为基坑工程自身的特点（难度大、工期长、投资多），其风险较大，控制风险就变得非常重要了。基坑工程施工除了具有其他建设工程施工项目所具有的特点外，还具有在技术上复杂程度远远高于其他施工项目的特点。其施工环境经常处于建筑物和构筑物很密集的区域，如地下管线、隧道、道路、人防工程和桥梁，这就要求施工单位必须对施工环境了如指掌，并制定周密的施工计划。如果发生意外，将会对这些地下设施造成巨大损失。当然，要保证施工质量，开挖、支护和降水措施方案必须准确无误，否则将会发生土体变形甚至位移。由于地下空间的不可预测性，这些方案都要量身定做，没有完全准确的理论，也没有完全可靠的经验，需要理论和经验结合，还要在施工过程中控制好风险。基坑工程施工具体有如下特点。

（1）区域性。由于基坑工程所处的环境差异大，不同区域的水文地质和工程地质不一样，甚至同一城市的施工条件也不一样，勘测报告资料有些是预测出来的，与实际情况有差异。

（2）时空效应性。基坑开挖的形状和大小影响支护结构，不同的时间，土压力作用在支护结构上的效果也不一样。时间越长，支护结构的稳定性就越低。

（3）临时性。很多情况下，支护都是临时性的，因此施工单位很容易不引起重视，结果就造成了事故。

（4）技术复杂性。基坑工程是一个系统的工程，涉及很多学科知识，比如地质、结构、材料等。而且周围环境在不断地变化，各种因素综合作用下，施工技术变得非常复杂。

（5）对周围环境影响大。基坑工程施工首先很容易对周围管线和地下工程造成损害，其次容易对周围土体产生扰动，引起地下水位发生变化。

（6）工程量大、质量要求高。基坑工程施工是基础工程施工和上部结构施工的基础，施工质量的好坏直接影响到其他施工的质量，所以对质量要求特别高，同样也影响到其他单项工程的进度，因此对工期也有影响。

二、基坑工程施工中的风险因素

（一）技术性不确定风险因素

技术性不确定风险因素有下面三种。

（1）土体性质参数的不确定性。土体的成分与构造、强度系数、应力特征和荷载条件的差异，也会引起土体性质的差异。这表现在土体的抗压与抗剪系数具有不确定性上。

（2）荷载的不确定性。由于对荷载传递机制信息的了解不充分，再加上人为原因导致的地下水位变化、基坑开挖不当、周围荷载过大，让荷载计算成为难题。土力学的有关理论在这些复杂因素下很难适用，因此荷载也变得不确定。

（3）支护结构的不确定性。决定支护结构要考虑材料的参数，比如预制桩和灌注桩的选择、桩尺寸的选择。传统的计算方法（极限平衡法、土抗力法和有限元法）与实际经常会有出入，这需要根据经验校正。

（二）非技术性不确定风险因素

非技术性不确定风险因素在施工阶段有很多，大致可以分为两类：自然因素和人为因素。自然因素比如洪灾、地震等。相对而言，人为因素更为普遍，比如施工单位的技术水平、施工单位的流动资金情况以及现场施工条件等。施工常见的事故如表7-1所示。

表7-1 基坑工程施工事故及原因

事故现象	事故原因技术分析
支护结构弯曲破坏	坑外土压力和地面附加荷载逐渐增大、支撑或者拉锚体系设置不及时、土方超挖以及支护墙体截面刚度不足等原因所致
支护结构倾斜	坑外作用在支护结构上水土压力过大或者地面附件荷载突然增大，导致支护结构抵抗力不足，可能引起支撑受压失稳和拉锚体系被破坏
管涌	在砂土区域，当基坑外地下水位较高形成水头压力时，土体细颗粒会在水压力驱动下载粗颗粒形成的孔隙中流动并绕过支挡结构涌向坑内，管涌会减小坑内被动土压力，使土体隆起并伴随有周围地面沉降现象
坑底隆起	一部分是由于土方开挖后卸载引起坑底土体回弹；另一部分是由于基坑周围土体在自重作用下使坑底土向上隆起。同时也可能会引起周围地表的沉降
支护结构整体失稳	失稳分为滑动失稳和整体坍塌。产生失稳的原因是支护结构嵌土深度不够，自身承载力不足，当坑内被动土压力较小时可能会引起滑动失稳，若坑内被动土压力过大时容易发生整体坍塌

根据施工经验，基坑工程施工项目的风险因素可以归纳为以下几种。

（1）低资质的施工单位越级承包基坑工程。因为技术水平和管理水平不达标，一些不够资质的施工单位在施工过程中产生风险的可能性要大些，加上对利润的过分重视，而没有兼顾工程质量，风险就很容易发生。施工经验不足的施工单位，在施工过程中没有对风险引起重视，还在风险发生以后，对于复杂情况不能正确恰当地应对，最后延误抢救时机。施工队伍管理水平低也是很重要的风险因素，混乱的管理让施工组织无序，分工不明确，影响施工质量、工期、成本，甚至是安全。

（2）当施工单位符合资质的时候，为了在激烈的市场竞争中分一杯羹，有时会压低报价，然后通过转包给低等级资质的承包商来获取差额利润或通过偷工减料和更改设计等手段谋取利润，这样工程就容易产生风险。

（3）不严格按照施工规程操作。施工机械在操作时没有严格按规程操作，从而对支护结构产生影响，比如碰到了支撑系统、支护墙和锚杆系统；没有严格按规程开挖，比如坡度太陡，容易让边坡失稳；开挖基坑与打桩的时间间隔太短，会让桩产生位移；挖土后没及时支撑，导致支护结构变形过大；基坑开挖完后，清底不彻底；开挖时不遵守分层分段的原则。

（4）深基坑施工方案编制有问题。施工方案是结合施工技术、施工规范和施工单位的实际情况制定的。施工工艺、施工质量和工序之间的连接、人力和设备的分配都是按照这个方案来执行的，如果施工方案不合适，质量、进度风险很难避免。

（5）施工单位安全意识淡薄。比如生活用水排在基坑边缘引起支护变形、对周围管线保护不力、基坑边缘挖通道运土引起坑壁坍塌。归纳一下主要有四点：安全管理制度不完善、没有进行安全教育和培训、人员的资质审查不严格、事故隐患处理不及时。

（6）降水、防水和排水的失误引起的风险。如果没有用水泥砂浆及时地保护基坑，让土体进水，软土和膨胀土区域的基坑稳定性就会降低。在雨季施工让基坑进水，没有及时将水排出，支护的主动土压力将会增大，被动土压力将会减小，基坑将会倒塌。在施工过程中，如果对附近的排水管道造成破坏可能会冲垮基坑。

（7）不重视监测工作引起的风险。为了节约成本，在基坑施工过程中没有安排监测，或者监测工作不完善、监测数据不全面，从而对综合判断的结果造成影响，最后形成风险因素。另外，如果对监测得到的数据没有进行充分的分析，也会错过控制风险的最佳时机。

（8）擅自修改设计引起的风险。锚杆之间的距离设计在施工的时候被修改，导致施工后支护变形太大，有的时候甚至取消水平锚拉，产生的后果是支护桩大面积倾覆。没有经过和设计方进行沟通就改变支护桩的长度或者改变桩的材料都会引起质量上的风险。

（9）施工工序之间相互协调处理不合适。比如有两个基坑同时施工，一边基坑在开挖而同时另一边基坑在打桩，打桩的基坑的水压力产生的挤压力会导致开挖的基坑的支护桩和工程桩发生移位。

此外，如果将基坑工程施工风险因素分类，基坑工程施工项目风险可分为五种：（1）项目成本超支风险，包括成本预算出错、材料涨价、劳动力成本上涨、利率波动等；（2）项目工期延长风险，包括施工组织编制计划出错、设计变更、准备工序太长、缺乏熟练工人、劳动效率低下等；（3）项目质量风险，包括与设计方缺乏沟通、没有按图纸施工、投标时间短、工人技术不熟练、材料不合格、没有达到施工技术标准、施工工序不对等；（4）项目安全风险，包括缺乏安全管理制度、项目管理人员缺乏安全意识、不愿意投入资源采取安全措施、不顾后果地施工、恶劣的天气等；（5）项目环境风险，包括直接的环境风险（如粉尘、有害气体、噪音、液体和固体垃圾）和间接的环境风险（比如在基坑开挖过程中产生的环境污染）。

三、基坑工程施工的风险管理措施

（一）基坑工程施工的风险控制

基坑工程施工工期长、技术难度大、施工环境变化多以及其他不确定性多，通常要注意的有以下几点。

1. 支护结构的施工

要保证基坑的稳定性，做好支护结构的施工是重要的基础环节。在做好支护结构施工的同时，要注意周围土体的变形，在保证支护结构安全的前提下，还要控制好成本，并且尽量不要延误工期。

2. 地下水的控制

根据历史记载和施工经验丰富的施工技术人员的总结，一半以上的基坑工程施工事故都与地下水的控制不好有关，这也是施工技术的一大难点。因为地质情况和水位情况的差异大，基坑开挖的施工方法的差异也大。如果地下水位低，可以很容易地挖到 5m 以下，如果地下水位高，再加上砂土或者粉土的地质情况，基坑开挖到 3m 也会发生塌方。如果地下水位过高，甚至会发生渗流，让坑底的细颗粒土体流动，产生重大的施工事故，比如坍塌。所以控制好地下水也是必须要做好的。

3. 基坑周围土体的加固

软弱土层地区的基坑在开挖时很容易发生变形，这会对周围的土体产生扰动，这种情况下，基坑隆起是常见的施工事故。此外，挡土墙缝隙还有可能会发生水土流失。想要避免这些问题，就要在开始的时候对基坑周围的土体做好加固措施。

4. 开挖方法与顺序

基坑开挖是基坑工程施工的首要环节，与基坑质量和安全密切相关。基坑开挖会引起周围土体引力场的变化，在时间和空间效应的共同作用下，基坑很容易发生变形。在制定开挖方案时，要注意尽量减少基坑开挖卸荷与支撑之间的时间，这样才能减少开挖产生的土体扰动效应。分层、分区开挖可以有效地避免基坑周围土体的变形。在开挖的时候，要注意满足对称和均衡的原则，这样才能让基坑受力均匀。综上所述，开挖要注意开挖顺序、支撑及时和不要超挖，避免事故的发生。

5.基坑工程施工监测和信息化施工

基坑工程施工过程中的监测工作能随时反映风险的变化情况，作为施工的重要参考依据，是信息化施工的重要组成部分，做好了信息化施工，施工任务才能顺利完成。

6.基坑工程施工前的必要准备

除了严格施工外，还要提前准备好施工所必需的一切条件和设备。确保原材料的质量达标、确保施工所需设备齐全并达到要求的标准、确定技术和质量文件达到业主对运行、扩建和维修的要求。

7.注意对基坑周围环境的保护

基坑开挖前，应该估计开挖对周围土层产生的影响，注意保护地下建（构）筑物和地下管线，避免对周围产生的扰动过大。此外还要不随意倾倒开挖的产生的垃圾，避免对环境产生污染。安排好施工时间，尽量减小噪音干扰附近居民的日常生活。

8.安全施工

安全施工已经成为施工规范中的强制性条款，并且有专款为安全施工预备。安全施工包含两个方面的内容：一是避免事故使施工主体和周围的人受到伤害和财产受到损伤；二是财产受到损失，包括施工现场的材料、机械设备和临时设施。常见的安全管理办法大致要求做到五点：①建设完备的风险管理制度；②定期举行安全教育和培训；③对机械设备和特种作业人员的资质进行严格审查；④及时处理安全隐患；⑤购买保险。

（二）基坑工程施工的风险应急处置措施

对于即将发生的常见基坑工程项目施工风险，应急方案如下。

（1）由于止水帷幕、降水开挖引起的基坑周围路面和建（构）筑物下沉或者倾斜，应立即停止降水和开挖，并堵住渗漏，然后再在基坑外用高水位回灌，同时抢救建（构）筑物，最后强化对周围地面和建（构）筑物的监测工作。

（2）基坑土体失稳或者支护结构位移过大。要同时做三方面的工作：第一，在基坑内做降水处理；第二，对基坑周围减轻荷载；第三，对基坑周围的土体进行加固。

（3）流土、流沙和基坑周围地面开裂过大。停止基坑开挖，同时采取补桩，还要在桩之间设置挡土板，最后再用铁丝网并用水泥砂浆抹面。

（4）踢脚发生失稳或者桩墙内倾。首先要给桩卸载，然后用砂石或者土料反压，最后对承受被动土压力的区域进行加固处理。

（5）由于桩的质量问题引起的断桩和缩径，首先应停止基坑开挖和降水工作，然后再采取注浆和补桩等加固方法。

（6）由于施工协调安排的问题，两个相邻基坑施工相互产生影响，比如打桩振动引起的土体扰动、挤压和液化，应该立即停止施工并对桩采取保护措施。

（7）井点降水产生涌砂。首先应更换包砂网和滤料，然后把已经打的井点里的泥沙洗出来后就暂停洗井。

第三节 地下工程施工的风险管理

一、地下工程施工中的风险因素

地下工程安全风险事件的来源很复杂，由于安全风险事件不只在项目建设施工阶段发生，还有很多早在地下工程项目的规划设计阶段就开始萌发直接或间接的相关事件了。为了消除安全风险对实现地下工程项目目标构成的巨大威胁，必须在项目前期对风险事件开展仔细研究，对地下工程项目进行安全风险分析，以其作为参考，制定项目安全风险策略，从而确保项目目标的顺利实现。

造成地下工程施工安全事故的因素有很多，其中包括水文地质条件、技术人员和技术方案、工程管理决策和工程项目周围环境等。大致可以把各类因素分为自然因素和人为因素两大类。

（一）自然因素

自然因素主要包括以下几个方面。

1. 工程地质条件

工程地质条件异常复杂，主要指不良地质，包括软弱地层、断层、松散地层、溶洞、膨胀性岩层和高应力区等。大量的工程事实表明地质因素是地下工程坍方、塌陷事故发生的决定性因素。

2. 水文地质条件

大量的试验统计结果表明，岩土体的水文地质参数是十分离散和不确定的，具有较高的空间变异性。地下水影响地下工程隧道围岩稳定性，其影响主要有三个方面：一是软化围岩，软质岩土体受水饱和后，其强度会有不同程度的降低；二是软化结构面；三是承压水作用，围岩受到水压作用后，更易失去稳定。

3.气候条件

如果工程施工所处地区属于持续、高强度降雨区，这个时候气候条件就是一个重要的诱发事故的因素。持续性、高强度的降雨使得地底沙土流动性加大，从而引起隧道周围土体稳定性下降，此时就可能诱发基坑失稳隧道坍方事故。

4.地质灾害

地下工程在建设过程中面临着一系列地质灾害的威胁，在目前的技术经济条件下，还难以提前准确判断。例如地震对地下工程的影响较大，特别是特大地震，往往引起地下工程骤然坍塌，造成重大损失。震级低的地震同样可能使地下工程发生坍塌事故，其机理主要是由于地震使岩石的节理、夹层、裂隙等松动和错位，从而致使围岩失去稳定。

5.工程周边环境

工程周围环境条件的不确定性主要包括周围建筑物、已有隧道、地下管线和道路等。隧道及地下工程所建区域周围的地面和地下环境设施一般都很复杂，尤其是城市繁华地带。周边环境的复杂性主要体现在：①地面构筑物的使用年限、结构类型（框架结构、砖混结构、砖结构）、基础类型（条形基础、桩基等）和文物价值；②构筑物与隧道及地下工程之间的空间位置关系；③临近已有的隧道和地下工程运营保护状况；④周边道路及管线的类别、年限、材料及施工方法；⑥周围生态环境状况和社会群体等在隧道及地下工程的建设过程中，无论采用何种工法或工艺都会不可避免地对以上这些构筑物和人群造成直接或间接的影响或破坏。

（二）人为因素

人为因素主要包括以下几点。

1.地质勘探不准确，工程设计不完善

通过地质勘探，查明工程项目所处位置的工程地质和水文地质情况，是确保地下工程安全施工的前提。但在实际勘探过程中，由于受到工程工期、勘探工作量和资金等方面的影响，使得勘探时间缩短、勘探内容简化，造成勘探结果不够准确，因此便留下了工程施工安全隐患。由于地质条件的异常复杂，使得地下工程的设计规范、设计准则和标准均存在一定程度上存在不足，再加上勘探工作的不细致，使得在地下工程设计阶段便可能孕育导致工程事故的风险因素。

2. 工程决策和管理难度大

工程决策和管理是隧道及地下工程风险的外在风险因素。在工程的规划、设计、施工和运营等全寿命周期内，最主要的问题是建设的决策、管理和组织。隧道及地下工程与其他工程项目相比，由于具有隐蔽性、复杂性和不确定性等突出特点，工程投资风险很大，无论是哪个阶段，都会遇到很多工程决策、管理和组织问题。从工程立项规划开始，工程建设选址、工程的设计与施工技术方案决策、工程的施工组织管理、工程的施工安全和质量监控、技术人员的人为判断或操作等，每项中都存在大量风险因素，工程决策和管理决定工程内在风险因素是否最终发生风险。

3. 工程施工监管不到位，缺乏安全教育

事故的发生往往暴露出以下问题：工程安全生产责任没有落实，工程安全管理还不到位；对发现的事故隐患的治理不够及时、彻底；施工人员的安全培训不到位，技术人员缺乏安全意识，无法落实安全施工；施工现场管理不规范等。

4. 施工技术和方案不合理，设备和操作不确定

施工技术和方案的不合理、设备和操作的不确定是工程风险发生的导火索，即风险的致险因子。地下工程建设中，建设队伍、机械设备、施工操作技术水平等对工程的建设风险都有直接的影响。由于工程施工技术方案与工艺流程复杂，且不同的工法有不同的适用条件，贸然采取某种方案、技术和设备，如出现设备类型与水文、地质和边界条件不匹配或机械设备发生停机、故障、失效，势必会导致施工风险事故的发生。同时，整个工程的建设周期长、施工环境条件差，施工人员很容易发生人为不良操作或操作失误，进一步加剧各种风险事故发生的可能性和风险损失后果。

由于地下工程存在于高风险的地质环境中，因此其致险因子众多，并且较为复杂，其中还有许多潜在的因素不利于识别。地下工程所处的环境不同，其风险因素也不相同，只有"因地制宜"地加以识别和分析，才能有效地采取措施，避免安全事故的发生。

二、地下工程施工的风险管理措施

（一）施工环境变形的监测

1. 环境与地质调查

（1）环境资料调查。

环境资料调查主要包括：隧道、基坑等周边建（构）筑物的产权单位、建设时间、主体结构形式、层高、基础形式和埋深、建筑（抗震）类别、现

状损伤程度；周边地下管线圈及说明资料，包括管线的用途、结构形式、渗漏状况等；周边市政道路、桥梁、既有地铁线路等建设年代、产权单位等。

（2）地质资料调查。

地质资料调查主要包括：地层岩性特征，可液化土层及新、老堆积土、特殊土工程地质特征，线路不同地段的土石成分和可挖性等级；各层岩土的物理力学性质指标；地表水、地下水水位标高及埋深、类型等基本特征；工程周边的自然土洞、人工空洞、地下古河道等不良地质状况。

2. 变形监测的对象与监测项目

持续的变形监控量测是保证环境风险控制的数据依据。在有了相应的环境变形控制标准的前提下，监控量测专项方案编制与实施时，还需注意以下几点。

（1）周边环境监测对象。

周边环境监测对象主要为工程周围地表、建（构）筑物、地下管线、城市道路、桥梁、既有地铁和铁路及其他市政基础设施。施工风险大且安全状态差、控制标准高的周边环境均应列为监测对象。

（2）周边环境监测项目。

①建（构）筑物监测项目一般为沉降、倾斜和裂缝监测。

a. 影响区内的建（构）筑物必须进行沉降监测；

b. 强烈和显著影响区内的建（构）筑物还应进行高层、高耸建（构）筑物的倾斜和裂缝监测；

c. 临近基坑、隧道的重要建（构）筑物，还应进行水平位移监测。

②地下管线监测项目包括管线的沉降和水平位移。

a. 强烈影响区内的各类管线应进行沉降监测；雨污水和上水、燃气等有压管线在强烈影响区内应进行管顶沉降监测，在显著影响区内可进行间接沉降监测，在一般影响区内采用间接沉降监测。

b. 隧道下穿时的强烈影响区内，对各类管沟应进行其结构沉降监测，同时对雨污水管线的底部土层应进行沉降监测。

c. 当支护体系发生较大变形或土体出现坍塌或地面出现裂缝时，应增加管线水平位移监测。

③市政道路监测项目主要包括路面沉降、路基沉降、挡墙沉降及倾斜。

a. 高速公路、城市主干道位于强烈和显著影响区内的应进行路面、路基沉降监测；位于一般影响区内的可进行路面沉降监测。

b. 挡墙位于强烈和显著影响区内的，应进行沉降监测，必要时可进行倾斜监测；位于一般影响区的可进行沉降监测。

c.桥梁位于强烈和显著影响区内的，应对其墩台进行沉降监测，必要时可进行桥梁墩台的倾斜监测；桥梁安全状态差、墩台差异沉降大时，应进行梁板结构应力监测。

④地铁既有线及铁路监测项目。

a.既有地铁线监测项目主要包括：隧道结构沉降和隆起、水平位移、变形缝开合度、裂缝以及道床结构沉降、轨道几何尺寸（高低、水平、轨距）等监测。

隧道下穿既有线时，设计和运营单位所确定的关键监测项目应进行（自动化）实时监测。

b.铁路监测项目主要包括路基沉降、轨道几何尺寸（高低、水平及轨距）监测。

3. 监测点的布置

针对不同环境风险控制项目的变形特点布设有效的监测点。比如地面（路面）沉降点、既有地铁（铁路）基础及轨道沉降监测点、既有建（构）筑物基础沉降监测点、建（构）筑物测斜点、裂缝监测点、桥梁基础沉降监测点、地下水位监测点等。

4. 监测方法与仪器

对下穿或临近已有结构时采取的新的监测方法主要有：

（1）适合于在行车封闭的地铁隧道或其他封闭线路连续沉降监测的电水平尺，同时也适合于监测作为风险源的结构物的稳定性和因隧道开挖引起的变化，以及监测隧道断面的收敛和其他变形量；

（2）隧道断面收敛自动量测系统——巴赛特收敛系统，主要用于记录隧道开挖时的轮廓变化过程，监测由于周围工程施工给既有隧道带来的变形情况；

（3）固定式测斜仪，可以代替滑动式测斜仪进行24h不间断自动量测，利用计算机和通信技术可以实现远距离的数据实时监测，特别适合于隧道穿越桥梁、地铁区间及车站的监控。

以上仪器的主要特点是可以24h不间断监测并记录和传输监测数据。另外，目前结构工程中已开始使用的裂缝测探仪、公路隧道工程中已使用的激光隧道围岩位移实时监测系统等都可用到地铁项目的监测中来。

5. 监测频率与信息处理

隧道洞内变形量测频率是由变形速率、断面距开挖工作面距离来共同决定的。对于隧道周围环境安全风险源的变形监测，应根据安全风险管理等级、风险源自身特点以及风险源与在建地铁隧道各部位作业面的距离关系而制定其监测频率。同时应根据具体工点不同的环境特点进行适当调整，以期获得关键、持续的监测数据，掌握及时、连续的变形动态。

监控量测要有益于工程施工和供后续工程借鉴，其根本点在于要将监测数据转化为工程结构自身和周围环境风险点的变形变位动态信息，来反馈给参建各方，以形成指导下一步工序和后续工程的依据。监测数据转化为呈现变形发展的位移、速度时间曲线等各类信息，就要求工程技术人员对每天都在不断产生的众多数据进行整理、分析。分析监测数据的目的，一是要及时掌握当前各监测点的变化值及变化速率是否达到预警值，或者其变形速率是否减小、有无继续增大的趋势，以便各方及时掌握各环境风险点及隧道作业面的变形动态，及时确定应急措施。二是从其中找出变形与工程施工部位及工序的关系，分析得出引起结构自身与周围不同环境风险点产生显著和集中变形的关键部位及步序，形成经验，供后续施工或后来工程借鉴，可提前展开有针对性的措施，预防风险点较大变形的产生。

（二）地下工程施工风险管理的施工技术

1. 隔断法

隔断法是在已有构筑物附近进行地下工程施工时，为避免或减少土体位移或沉降对构筑物的影响，在构筑物与施工面之间设置隔断墙予以保护的方法，可用钢板桩、地下连续墙、树根桩、深层搅拌桩、注浆加固等构成隔断墙。钢板桩、地下连续墙多用于围护墙，而深层搅拌桩、树根桩结合注浆加固由于有一定的刚度和隔水性，价格又相对低廉，多用于隔断墙，还有用各种桩基加固建筑物基础，将荷载传至深层地基，以减少基础沉降。需保护的建筑物多为独立基础或条形基础，加固前要对原基础承载能力进行分析，并对加固桩型进行设计和布置，一般选用树根桩、静压桩或钻孔灌注桩。

2. 循踪补偿注浆加固法

循踪补偿注浆加固的原理就是利用围护结构和建筑物位置处相应变形的时间差，在基坑变形传递到建筑物之前将由于围护结构的变形造成的土体损失通过注浆补充进去，从而有效减小周围地层位移。该方法的关键是填充由于围护结构基坑内位移而产生的土层损失，切断变形的传播途径，因此注浆的时机选择是相当关键的。如果注浆太迟则不能达到阻止变形传播的目的，太早则会加大围护结构的变形而适得其反，一般注浆在支撑架好的几个小时后进行。注浆深度的设计要根据支撑的位置确定，应当在对应支撑的上面和上一道支撑的下面，注浆压力不能太大。

施工方案如下：

（1）注浆孔离开围护墙一定距离，一般 2～3m；对于普通保护等级建筑物布置 1 排注浆孔，特级保护物 2～3 排；孔深据支撑设计而定；

（2）坚持"少注多次、分层低压"的原则，注浆压力过大或注入量过多均会对围护结构产生不利影响，并要求对应支撑顶好后进行该层注浆；

（3）采用水玻璃、水泥双液浆，由于其目的是以填充为主，浆液强度要求不高，可掺入适量粉煤灰；

（4）实施信息化施工，随时注意支撑轴力及围护结构变形监测情况，必要时及时调整施工参数。

3. 坑内地基加固法

坑内地基加固常用的方法有坑内降水、注浆、搅拌桩和旋喷法等。基坑降水固结的软弱黏土夹薄砂层强度可提高 30% 以上。注浆、旋喷和搅拌桩加固体强度可比天然软土提高数十倍到百倍以上，其强度虽然不如支撑，但在开挖过程中仍然能够有效地阻止围护结构变形。

4. 时空效应理论在地下施工的应用

时空效应理论就是研究时间和空间对基坑变形影响的规律。根据软土的流变性特点，在一定时间内基坑开挖的空间越大，基坑的各种变形也越大，而同样大小的基坑暴露时间越长，对周围环境的影响也就越大。

（1）施工原则：做好调查预测，优先选用主动保护措施；利用监测手段，做到情报化施工；分层分段挖土，缩小一次开挖空间；开槽架设支撑，及时加足预应力；快速浇筑底板，缩短基坑暴露时间。

（2）施工方案：总体采用先地下连续墙、地基加固、降水施工，再采用明挖顺作法、边挖边支撑的施工方案。

坑内加固法、隔断法这两种方法加固土体的机理各不相同，但它们的目的是相同的，都是通过改善软弱土层，提高它们的强度和抗变形能力，在受到外力作用时能够减少加固体变形，减少对周围环境的影响，这种加固方法有利于基坑的中长期位移控制，如果加固量比较大的话，具有安全度高、对施工监控水平要求相对较低等优点；循迹补偿注浆加固法是对周围土层进行控制，在合理设计基坑支护结构并准确预测坑周地层位移的基础上，以精心施工和监控来保护基坑及其周围环境安全的一种方法，这一方法对设计和施工水平要求较高，可大量节省工程造价、缩短工期；运用时空效应规律，能可靠而合理地利用土体自身在基坑开挖过程中控制土体位移的潜力而达到保护环境的目的，这是一条安全而经济的技术途径。

第八章　建筑工程施工项目的安全与环境风险管理

建筑工程在施工的过程中，会面临许多危险，如危险施工环境、危险作业、施工设备的危险等。因此，要保证工程施工的安全进行，就必须对施工中所潜在的风险进行全面的分析和识别，并对其进行有效的管理。建筑工程项目在施工的过程中，不可避免地会对周围的环境造成一定的影响，随着当前社会环境保护意识和可持续发展意识的不断增强，对建筑工程施工也提出了相应的环境要求，因此，建筑工程施工项目在实施的过程中必须做好环境风险的管理，实现施工与环境保护的和谐。

第一节　建筑工程施工项目安全管理的理论研究

一、安全管理的事故致因理论研究

（一）人的事故频发倾向理论

格林伍德（M. Greenwood）和伍兹（H. H. Woods）在 1919 年对一些工厂中伤亡事故发生的次数进行了整理。通过整理与分析，发现其中的某些员工发生事故的概率较大。1939 年法默（Farmer）对事故的致因理论有了新的发现并提出相关理论，认为存在某种特质的人经常发生事故，这些人属于事故频发发生人群。因此，对那些有事故倾向的员工要进行测试与管理，不断优化企业人员结构。此时，对人员的选拔成为预防事故的重要措施。这种早期理论是将人作为一种潜在的危险源来看待，认为选择不易出错的人就可以降低危险和预防事故。在相关理论中，容易发生事故的人有以下几个特点：情绪易激动、脾气暴躁；对工作厌烦，缺少耐心；遇事慌张；动作不熟练且工作效率低；情绪变化快；理解能力及判断思考能力差；缺乏自制力。日本的丰原恒男发现具有某些特点的人容易引发不安全事件，如容易冲动、不协调、不守规矩、缺乏同情心和心理不平衡的人。事故频发者特征如表 8-1 所示。

表 8-1　事故频发者特征

性格特征	事故频发者（%）	其他人（%）
容易冲动	38.9	21.9
不协调	42	26
不守规矩	34.6	26.8
缺乏同情心	30.7	0
心理不平衡	52.5	25.7

（二）轨迹交叉理论

将轨迹交叉理论引入时空概念来分析事故发生的机理，是对前人事故致因理论的传承与发展。该理论的主要观点是：人和物是影响事故发生的最直接的两大因素，安全事故是由于人的不安全运动轨迹与物的不安全运动轨迹在某一个时点耦合（交叉）而发生的。因此控制安全事故发生则需要避免人物运行轨迹在时空内交叉，其事故致因理论模型如图 8-1 所示。

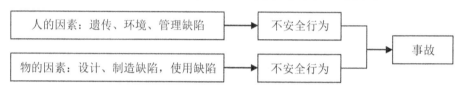

图 8-1　事故交叉致因理论模型

按照轨迹交叉理论，加强事故管理有两方面的内容：一是对人的行为和物的状态进行单独控制；二是采取一定的手段避免人的不安全行为和物的不安全状态发生耦合（交叉），以此来预防安全事故的发生。

（三）因果连锁理论

海因里希（W.H.Heinrich）提出多米诺骨牌理论，又称事故因果连锁理论，即事故的出现是由许多原因相互结合导致的，即 M（人本身）→P（依人的意识运行）→H（可能危险）→D（事故出现）→A（人受伤），如图 8-2 所示。该理论分析了造成事故的原因，将事故产生的原因理论化，而不再是停留在经验阶段，在理论上有了上升，为事故致因理论奠定了基础，开创了事故致因理论的先河。该理论认为，事故的发生，就像多米诺骨牌一样，前一个因素的发生会引起后一个因素的发生，然后相继引起一系列因素的发生，最终导致事故的发生。因此想要避免事故发生，就需要防止某个阶段的因素发生，掐断骨牌的中间链，这样就不会引起后边一系列因素的产生，从而阻止事故的发生。

根据海因里希的理论，在预防建设项目施工安全事故的发生时，主要的是在风险连锁链条中，解决中间有着关键主导作用的骨牌，从而阻止事故连锁的进程，防止事故的发生。因此，根据事故连锁理论，对建设项目施工中人员的管理尤为重要，特别是对参与实际操作的施工人员的管理，防止其不安全行为的产生，如此便可阻断事故发生的进程，进而避免事故的发生。

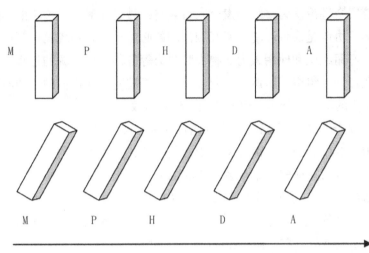

图 8-2　事故因果连锁理论

二、安全管理的系统安全以及人的重要性理论研究

（一）系统安全理论

20 世纪五六十年代，在美国研制洲际导弹的过程中，系统安全理论应运而生，这一全新的理论，提出了很多有别于传统安全理论的创新型概念。在事故产生的原因方面，系统安全理论提出，不能只注意机械设备操作人员本身的不安全行为，而把机械设备本身的故障忽略，因为硬件故障也是导致事故的重要原因。

随着系统安全理论的提出，人们随之就开始研究如何提高或改善硬件的系统可靠性和系统安全性，以避免事故的发生。系统安全理论还提到，没有任何一种事物是绝对安全的，任何事物中都潜伏着危险因素，我们日常提到的安全或危险只不过是人为的一种主观的判断。所有的危险源不可能全部根除，只能减少危险源的危险性，人们可以做到的就是减少危险源里总的危险性，而不是去想着彻底去消除风险。由于人的认识能力有限，有的时候不一定可以识别危险源或是风险，即便已经认识了现有的危险源，通过生产技术的不断提升减少了现有的危险性，但新技术、新工艺、新材料和新能源的不断涌现，还有源源不断的新的危险源产生。

系统安全（System Security）是指在系统生命周期内应用系统安全工程和系统安全管理方法，辨识系统中的风险及隐患，并采取有效的控制措施使其危险性最小，从而使系统在规定的性能、时间和成本范围内达到最佳的安全程度。系统安全理论概念是以负反馈形式在控制论中发展起来的。

系统安全理论认为事故的发生来自人与机械之间对接过程中的不匹配，相互之间不协调是多种环境因素互相作用的必然结果。系统安全管理是为实现安全生产而组织和使用人力、物力和财力等各种物质资源的过程；安全管理要利用计划、组织、协调、控制等管理机能控制来自机械的、物质的不安全因素及人的不安全行为，以避免发生伤亡事故。

系统安全是指在系统生命周期内应用系统安全工程和系统安全管理方法，辨识系统中的隐患，消除系统中的危险源，分析事故预测，控制导致事故的危险，分析构成安全系统各单元间的关系和相互影响，协调其关系，并采取有效的控制措施使其危险最小化，从而使系统在规定的性能、时间和成本范围内达到最佳的安全程度，使事故减少到可接受的水平。所以，系统安全的目标不是事故为零，而是最佳的安全程度。

系统安全是人们为解决复杂系统的安全性问题而开发、研究出来的安全理论、方法体系，是系统工程与安全工程结合的完美体现。系统安全的基本原则就是在一个新系统的构思阶段就必须考虑其安全性的问题，制定并执行安全工作规划（系统安全活动），属于事前分析和预先的防护，与传统的事后分析并积累事故经验的思路截然不同。系统安全活动贯穿于生命整个系统生命周期，直到系统报废为止。

根据系统安全理论要求，对参与建筑工程项目施工中的所有人和物进行分析和评价，人包括项目管理者、项目执行者、各类作业人员等，物包括作业环境、施工器具、机械设备、工具材料等。通过分析和评价可以识别危险源中的危险因素，对其采取有效的措施，减少和控制危险因素从而降低风险的发生，最终达到预防各类工程事故发生的目的。

系统安全理论认为世界上不存在绝对安全的环境或事物，任何人类活动中都潜伏着不同层级的危险因素，潜在的危险因素又被称作危险源，它们是事物的故障、人为的失误，抑或是不良的环境因素等，危险源造成伤害或损失的可能性叫危险，可用概率来衡量。既然不存在绝对安全的环境或事物，那么就利用安全管理手段，减少或现有危险源的危险性，我们的目的是尽可能地减少总的危险源，而不是只停留在彻底消除几种特定的危险源上。

人作为系统的元素，在发挥其功能时也会发生失误，不仅包括了工人的不安全操作行为，还包括了设计人员、管理人员等各类人员的失误，因而对人的因素的研究也较以前更深入了。系统安全理论在事故原因分析上，强调通过改善物的可靠性来提高系统的安全性，从而改变了以往人们只注重操作人员的不安全行为而忽略硬件故障在事故致因中的作用的传统观念，着眼于通过如何提高物的可靠性来提高整个系统的安全性，从而避免事故发生。因此，必须注重整个系统寿命期间的事故预防，要采取适当措施，统筹兼顾，而非孤立地控制各个因素。

系统安全工作包括危险源识别、系统安全分析、危险性评价及危险控制等一系列内容。危险源识别。

危险源是指可能导致伤害或疾病、财产损失、工作环境破坏或这些情况组合的根源或状态。危险源识别就是识别危险源并确定其特性的过程。根据危险源在事故发生发展过程中的作用分为第一类危险源和第二类危险源。能量和危险物质的存在是危害产生的最根本的原因，通常把可能发生意外释放的能量（能量源或能量载体）或危险物质称作第一类危险源。造成约束、限制能量和危险物质措施失控的各种不安全因素称作第二类危险源。第一类危险源是事故发生的能量主体，决定事故后果的严重程度，是第二类危险源出现的前提；第二类危险源是第一类危险源导致事故的必要条件，决定事故发生的可能性，主要包括物的故障、人的失误和环境因素。

系统安全分析。现有的系统安全理论识别方法可分为定性和定量两大类，定性分析包括安全检查表评价法和预先危险分析法；定量分析包括事故树分析法、事件树分析法、作业条件危险性评价法、故障类型和影响分析法及火灾爆炸危险指数评价法。每一种系统安全分析方法都各有特点、相互补充。

危险性评价及危险控制。在事故未发生之前采取必要的安全措施，尽可能抑制危险事件的发生，如果危险事故已经发生，尽可能把事故所造成的损失控制在最低限度。根据危险性评价的结果，对系统安全进行调整，对系统薄弱环节加以修正和加强，降低危险事故的发生概率。

（二）人的重要性理论

在系统安全研究中，人类的关键作用已得到广泛关注。格林伍德和伍兹对一些工厂中伤亡事故发生的次数进行了统计。通过统计和研究，发现一些工人容易引发事故。法默认为人的因素对一个系统的安全起着关键作用，虽然在事故分析中人的因素不是事故发生的唯一风险因素，但是人的特殊性、能动性等特点使得人的不安全行为成为系统安全的重要防范风险。1972年，爱德华兹（Edwards）第一次提出在安全工作中以"人"所处的特定地位为主导的 SHEL（指软件、硬件、环境和人四个因素）模型。然后该模型被霍金斯（Hawkins）用图表进行了详细的描述。该模型认为，人是核心，人与其他的人、硬件、环境及软件间的相互关系构成模型的4个界面，即人—硬件（L-H）界面、人—环境（L-E）界面、人—软件（L-S）界面、人—人（L-L）界面。为了降低整个施工项目安全的系统风险，必须减少模型中处于中心位置的人与其他因素之间的相互耦合作用。

影响施工安全的风险因素中，人的因素最为重要，虽然其他风险因素会引起事故发生，但人的因素作为最具有主观能动性的因素，不仅自身将引发不安全事件，常常也会导致其他因素出现风险，加大系统的风险。例如：由于机器过于老化在施工过程中出现故障导致的事故，往往是由于建设施工安全人员自身的安全意识不高，对建设施工机器没有做到定时的安全检查与维护造成的；在出现事故时没有一套较为完善的应急预案等管理缺陷问题，往往是由于建设施工管理人员的安全意识或专业素质不高，不能在施工项目开展前为施工过程中出现的各种紧急状况设置较为完善的预案。目前，我国的建筑业主要依靠的是人工操作，工作主要是在人、机器混合的条件下进行。人具有很强的主观能动性，要想增强人施工项目的安全性，研究人的因素以预防并减少因人的不安全行为所导致事故是必要的。

第二节 建筑工程施工项目危险源的识别与风险管理

一、建筑工程施工项目的主要危险源

（一）建筑工程施工场所的危险源

根据建筑工程自身特点、事故发生的原因，危险源产生的原因有自然的和人为的。人为的原因有施工管理上的问题和错误、设计的错误与施工操作的失误等。自然的原因有山体滑坡、泥石流、洪水、地震、严寒、酷热、暴风雪、台风、龙卷风等自然灾害。

施工场所危险源存在于作业的全过程当中，主要与人员活动、施工机械、建材、电气设施及物质有关。主要的重大危险源有下以几种。

（1）模板及其支撑、脚手架及其搭设、基坑施工、人工挖孔桩、局部结构或临时建筑失稳倒塌。

（2）施工电梯、物料提升机、起重塔吊等大型起重设备的安装、拆卸、运行的过程中，由于违规操作等原因造成的机械伤害、坍塌及物体打击。

（3）高度大于2m的作业面由于无防护设施、缺乏安全防护设施或者防护设施不符合要求，这里包括洞口、高空、临边作业。施工作业人员由于没有配系安全防护绳，导致发生踏空、滑倒、失稳等事故。

（4）由于不规范的钢筋切割、焊接或钻孔等施工行为而造成的人员触电、伤害、火灾等。

（5）发生物体高空坠落、人员因撞击受伤及建材的堆放、散落与搬运吊运不规范等致使意外事故发生。

（6）人工挖孔、工程拆除、爆破、安全防护不足、失误操作等造成的建筑、设施损坏、人员伤亡等。

（7）隧道工程施工场所环境闭塞、室内喷刷挥发性装修材料、人工挖孔桩遭遇有毒气体，因通风排气不畅，导致的作业人员窒息或者气体中毒等。

（8）临时存放易燃易爆物品，或者不规范的使用行为，又因为防护措施不足，极易发生火灾意外。

（二）施工场所周边环境的危险源

建筑施工场所周边地段存在很多危险源，其中有大有小。一般来说，影响范围广的被称为重大危险源。它的存在主要是与施工地址、项目类型、施工工序、人员、电气、材料、机械等有关的。它的存在可能会危害周边社区人员的活动，主要有：

（1）深基坑、人工挖孔桩、基坑开挖、管沟、竖井、隧道、地铁的施工，由于临时支护或顶撑的失效，导致发生坍塌、失稳等安全事故；

（2）高度大于2m的临空作业面由于缺乏安全防护设施，造成物体坠落事件；

（3）工程拆除、挖孔、爆破，由于设计方案不当、操作失误、防护缺乏等原因导致邻近建筑及设施损坏、人员伤亡等。

此外，常见的一些单危险源及其导致的事故主要有：火灾事故、机械伤害、触电伤亡、窒息中毒、坍塌被埋、高空坠落等。

这些危险源及其所导致的事故，有着明显的因果关系，相辅相成。同一种类型的危险源在不一样的环境、时间、空间、施工企业下，所产生的结果往往不一样；另外，不同的危险源对在相同环境、施工企业、气候条件、基础设施下产生的结果也大有不同。

二、建筑工程施工项目危险源的识别

划分不同的作业类别和确定危险源的存在和分布时，应该先根据工程项目的实际情况，有序、准确、系统地识别风险危险源的范围，如表8-2所示。

表8-2 建筑项目危险源分布表

危险源	危险源分布
环境	工程地理位置、水文地质条件、气候温度、交通条件、周边建筑等
施工场所	施工区、办公区、生活区的布局；易燃易爆物品、有害材料、机械设备的布局；相邻建筑物的安全距离、道路布置等
有害物质	油漆、丙酮、乙炔、易燃易爆物品，粉尘性、腐蚀性物料等
施工设备	起重机械、施工机械、运输车辆、人货电梯、电气设备等
设施、标识	危险化学品仓库、乙炔站、配电站等；急救、生活卫生等设施；劳动防护用品、安全防护栏、安全标识等
作业条件	运输、带电、地下、高空、起重、噪声等作业；地基、基础、结构、装饰等工程

根据建筑工程类型、施工阶段和危险源的分布范围，分门别类逐一识别危险源的存在。识别的内容主要有：是否存在造成安全事故的来源，包括是否有有害物存在，是否有人的不安全行为或物的不安全状态，是否有重要能量；什么人、物会更容易受到伤害或损害，伤害或损害将如何发生，后果程度如何；判断风险类型、作业或部门。建筑工地常见的危险源如表8-3所示。

表8-3 建筑工地常见危险源识别

危险源	类型	危险分布处	如何发生	受伤害的对象	后果
楼面孔洞无盖板	高空坠落	结构施工	人员坠落	作业人员	重伤、死亡
未挂安全带	高空坠落	结构吊装	人员坠落	焊工、吊装工	重伤、死亡
脚手架的错误连接	高空坠落	外墙施工	脚手架倒塌、人员坠落	脚手架上施工人员	人员伤亡、财产损失
焊接下方有易燃物	火灾	吊装焊接	焊接掉落的火星	设备、材料	火灾伤亡、财产损失
油库没有消防设备	火灾	油库	油料遇火燃烧	工作人员、油库	火灾伤亡、财产损失
乙炔泄露	火灾	气割作业	乙炔遇火燃烧	施工人员、设施	火灾伤亡、财产损失
电源线老化破损	触电	电器设施	接触电线	施工人员	触电受伤或死亡
未关配电箱门	触电	配电盘	违规操作电器	作业人员	触电受伤或死亡
电器设备绝缘不良	触电	电器设备	不合格电器的使用	操作人员	触电受伤或死亡
限位器运作失灵	机械受伤	施工提升架	吊笼冲顶后坠落	提升机运行	重伤
操作车床	机械受伤	机修间	手被车床绞入	操作人员	财产损失、人员伤亡
钢丝绳被磨损	机械受伤	起重机作业	钢丝绳断裂	作业人员、机械设备	财产损失、人员伤亡

三、建筑工程施工项目危险源的风险管理

（一）重大危险源防范的要求与原则

1.重大危险源防范的要求

（1）有能力对危险和有害物进行及时处置，并达到国家规定的相关安全标准；

（2）可以有效地预防事故的发生；

（3）能够有效预防由于操作失误所产生的危险；

（4）对施工生产过程中可能发生的各种危险，比如机械装置失灵，有能力予以消除或减弱；

（5）意外事故发生时，能够为遇险人员迅速提供救助。

2.重大危险源防范的原则

（1）经济原则。

安全控制措施有的时候会与企业当前的经济利益发生冲突，这个时候企业应当把安全措施置于优先考虑地位。企业应依照下列等级顺序选择安全技术措施：为了避免出现任何事故，机械设备本身应该具备安全保障性能的设计，但是有些时候，要实现百分之百的安全生产是不可能的，为了把危险事故的发生和影响降到最低，为作业人员提供防护措施是必要的，而且防护措施要有多种选择，以应对不同种类的安全事故；此外，施工现场要有预警保护装置，一旦发生事故能够及时预警，便于现场作业人员及时应对，将事故消灭在萌芽阶段，或者及时撤离危险现场，确保作业人员的生命安全。

（2）等级原则。

等级顺序的制定在安全技术措施中可以给管理者以应对风险的指导，是非常必要的，要考虑如下实际原则。

①消除风险。

目前许多建筑企业的生产工艺本身就不合理，一方面使用大量有害物质作为原料，另一方面自动化程度低。因此，要通过技术创新和改革管理，逐步实现生产自动化、远程控制，尽可能从源头消除危险因素。

②预防风险。

风险管理的基本原则，应当以预防为主，防治结合，增加预防措施，比如安全阀等安全防护装置的使用。

③减弱风险。

在施工过程中，有些安全隐患是无法根治的，实施预防措施时往往效果

不佳，这个时候应该可尽量降低危险、危害，比如生产中对有害设备加设局部通风装置。

④隔离风险。

如果采取减弱风险的措施也有困难，这个时候可以将作业人员与危险因素隔开，施工时采用远距离遥控操作，当危险事故发生时，就可给作业人员留出一定的距离和安全逃离时间，此外，还要为作业人员配发自救装置，以进一步提高安全系数。

⑤安全连锁装置防控风险。

采用安全连锁装置对于安全生产具有非常重大的意义，当由于人为失误或者机械设备的工作处于临界危险状态时，机械设备可以通过安全连锁装置实现自动紧急停机，避免因为机械设备的错误运行导致事故发生。

⑥风险警告。

在危险区域设立相应警示图标、字样等，时刻提醒作业人员注意避免安全事故发生。

（3）可操作性原则。

安全措施的制定要根据工程实际情况，必须要有针对性，不能照搬照抄其他案例的安全措施，此外还要具备可操作性，并且考虑经济成本，应当具有经济合理性。

①每一个建筑项目的特点是不一样的，因而在制定安全措施时，要针对不同的建筑项目制定符合本项目特点的安全措施。另外很多危险因素相互之间充满联系和随机发生的不确定性，故要综合考虑各种危险因素，并且为使系统达到安全的目的，建筑企业应采取优化组合的安全综合措施。

②安全技术措施在资金、技术、时间上应当是可以实行的，并且能够有效地实施。安全措施要尽可能详细、易懂，具有具体的操作程序让作业人员遵守和执行。只有这样，安全措施才可能达到预期的目的。

③经济合理性说的是要综合考虑各种危险因素和资金投入，在能够达到安全生产的前提条件下，应当尽可能节约成本，降低操作难度和技术难度，并且综合考虑技术、生产、安全等各方面因素，努力使资源配置达到最优。

（二）重大危险源的安全风险防范措施

以下给出一般建筑项目施工的危险源的防范措施，以便于作业人员针对具体作业环境采取不同的风险防范措施。具体如表8-4、表8-5所示。

表8-4 基础施工危险源的防范措施

危险因素	安全措施	落实部门
坍塌	编制方案，经监理审批后实施； 必须对施工人员进行安全教育并做好安全技术交底	技术器材部
高空坠落	按要求做好临边防护及隔离措施； 基坑边不得堆载过重、过近	
道路沉降	定期对支护、边坡变形进行检测，防止道路沉降； 按要求设置上下通道； 按要求做好基坑周边防水工作	

表8-5 其他一般施工危险源的防范措施

施工类型	危险因素	安全措施	落实部门
混凝土模板施工	坠物失稳	编制有针对性的专项方案，经公司和监理单位审批后才能施工； 卸料平台有防护栏杆，分类吊装； 支撑完毕后，需进行检查、验收，查看是否存在失稳现象； 按三级安全管理制度实施； 专职安全员对现场施工过程进行全程监督、检查； 有动荷载的部位进行单独加固处理； 局部堆料不要超过设计荷载； 模板不要码放过高	技术部、安全部
塔吊作业	吊物	多塔作业需编制方案并进行审批； 需配备司索指挥工配合施工； 吊装材料人员要配备对讲机进行通话，避免伤人； 塔吊司机不许疲劳作业及酒后作业； 塔吊架节螺丝及其他易损部件要进行定期检查	设备部
防护架体施工	高空坠落	相应的建筑材料要按要求进行第二次复试，经复试合格后才能使用； 密目网绑要绑紧，不准采用不合格产品； 硬防护跳板要搭接合理，不准出现探头跳板现象； 雨后要对落地脚手架基础进行检查； 使用过程中严禁超载； 脚手板要按要求进行搭设、牢固； 悬挑架体需经验算后方可使用	搭、拆人员
爆破施工	爆炸	对爆破对象进行实际勘查后，进行方案编制并经消防部门审批； 对所涉及区域设置警示标志及维护； 选用有相应资质的单位进行施工； 爆破炸药重量要进行验证是否按方案、位置设置	分包单位

续表

施工 类型	危险 因素	安全措施	落实 部门
带电作业	触电	带电作业时要按规定穿戴好防护用品及工具； 作业人员要持证上岗； 需断电作业时要设置专人对电闸进行看护； 宿舍内禁止采用 220V 用电设备； 电源线及其材料要有合格证明并需进行二次复试； 对现场内电线进行定期检查和不定期抽查	设备部、 安全部
动火作业	火灾	动火场所必须配备足够的灭火设施； 附近有易燃物品的要对物品进行防护； 动火前先编制应急预案并按预案进行演练； 所使用设备要有安全距离； 宿舍内严禁使用 220V 电源，照明采用 36V 电源	安全部

（三）动态危险源的安全风险防范措施

施工现场环境一般比较复杂，作业条件受到许多不利因素的制约。在保障顺利进行施工作业的同时，又要确保原有建筑正常使用的功能与安全状态。因此建筑施工场地安全技术措施要随着工程项目进度的推进而不断地提高和完善。

为了避免安全事故的发生，可以应用动态危险源控制理论，实时保护建筑施工场地作业人员、周边设施和人员的安全。但是，即使再周密的施工部署与安排也很难保证施工场地一直处于安全的状态下。这就需要针对具体的工程实际状况，按照风险危险源辨识、分析、确认、监督、控制等一整套程序来对施工项目提出比较可靠的安全技术对策与措施。

下面重点介绍施工过程中发生的事故和相应的动态的安全控制措施。

1. 高空场所中的动态危险源安全风险防范

在高空作业场所中，应当设置便于维修的扶梯、防护栏杆、安全盖板等安全防护设施；对于连接各个施工单元的交通梯、操作平台和联通通道要设置必要的防滑措施；为了保证施工人员的生命安全，还应设立安全网、安全距离，并且通过安全标志实时提醒作业人员的安全意识。为了有效地减少高空坠物等事故的发生，还要发放个人防护装备。

防高空作业事故安全技术防范措施具体还有：及时按相关规定做好变压器及高压线路的防护工作；保持相邻塔吊之间的合理高差和距离；多塔作业设置要进行统一指挥；定期对塔吊司机进行安全教育。

对于一些比较特殊的高空作业所存在的危险因素，建筑企业要提出针对性的防护措施。一般来说，高处作业应遵守以下原则：踏板、云梯、脚手架不符合安全要求的坚决不登高；高压线旁缺乏安全隔离措施的坚决不登高；脚手架和设备不符合要求的坚决不登高；棉或玻璃钢瓦上没有垫脚板的坚决不登高；携带笨重物体的坚决不允许登高；酒后或生病的坚决不允许登高；光线太暗的坚决不登高。

2. 施工电气的动态危险源安全风险防范

恶性火灾事故大多是由施工现场的电焊所造成的。施工现场中，在对钢结构或其他构件进行焊接作业时，会产生火花，由于此时温度很高，当火花遇到可燃物时，火花会迅速点燃可燃物，导致火灾发生。另外，施工现场电线比较多且分布杂乱，这样就极其容易导致短路，一旦短路电火花遇到可燃物或油料时，就会引发火灾。

高压电击穿效应也是导致火灾的一个重要因素，施工现场的工作电压往往比较高，因此在较高的电压下，不导电的器件此时就会被高压电击穿，从而变成导电的，这时候就容易产生短路。在高压电流下，一般普通的闸式开关在闭合和断开时就容易产生高压电弧，一旦周围有可燃物时，将产生火灾。电线长时间暴露在阳光、雨水下，也容易发生漏电、短路现象。

因此，除了要保证电力设备的安全外，还要加强施工人员的安全意识，才能预防电气事故的发生。

3. 设备使用的动态危险源安全风险防范

使用设备时应严格按机械设备技术性能的要求正确使用；严禁作业人员使用安全装置已失效的机械设备；必须由专业的技术人员负责机械设备调试和故障的排除；严禁对正在运行的机械设备进行维修、调整或保养等操作；相关人员应定期对机械设备进行保养；立即停止使用超载、带病运行的机械设备。操作人员在独立操作机械设备前，要先经过专业培训并取得相关操作证件。

在施工作业的过程中，有时安全措施与机械设备的运行存在这样那样的矛盾，这时施工单位应该把安全放在第一位，当满足安全的要求后再考虑机械设备。

第三节　建筑工程施工项目设备的风险分析、识别与应对

一、设备的风险分析

施工设备是建筑工程项目至关重要的施工工具，是工程按进度、质量如期完成的重要保障之一，同时设备在操作过程中也会出现各种各样的安全事

，是项目管理中必须重视的重要环节。在项目管理过程中，加强设备管理，控制设备风险有着重要的意义。

施工设备管理是生产的重要环节，关系施工的安全、进度与质量，在施工过程中，设备管理的风险主要来自下面几个方面。

（一）施工任务因素

在工程施工过程中，由于工期短，加之不少项目为了降低施工成本，虽然面临很大的工作任务量，投入的施工机械数量却不多，完全靠少数机械设备的加班作业来完成施工任务，这在一定程度上造成了机械设备的超负荷运转，有些机械设备甚至"带病"作业，极大地影响了机械设备的技术性能状况与使用寿命，加速了机械设备的老化，使设备产生安全风险。

（二）施工环境因素

由于工程施工大部分是在远离城区的野外、山区。阴雨天气里，到处泥泞；晴朗的天气里，到处充斥灰尘与施工产生的粉尘。作业场地机器布局互相影响操作，机器之间、机器与固定建筑物之间不能保持安全距离。有时作业场地过于狭小，地面不够平整，有坑凹、油垢水污、废屑等；室外作业场地缺少必要的防雨雪遮盖；有障碍物或悬挂凸出物，以及机械可移动的范围内缺少防护醒目标志；夜间作业照度不够，隧道工程施工过程通风、温度、湿度均超出机械设备本身的工作环境要求等一系列的问题，造成了施工现场机械设备的工作环境恶劣，长时间在恶劣环境中作业，设备产生安全风险。

（三）设备保养因素

受工程工期进度的影响，在施工现场，不少施工人员与指挥人员只一味地追求施工进度，对设备只注重使用，而对其维护保养工作重视不足，造成了操作人员没有时间对所操作的机械设备进行保养的可能，如此一来，便忽视了机械设备的日常保养，使机械设备经常带着小毛病作业，等到出现问题进行修理的时候，不得不进行大范围修理工作，既浪费了大量的时间，无形之中又提高了设备的修理成本。

（四）人员素质因素

施工现场机械设备操作人员的素质参差不齐，很多操作人员本身文化层次较低，加之没有经过正规的培训就直接上岗，先上岗操作一段时间再去补办一个操作证的现象时有发生，更有甚者，个别操作人员在有事离开时，随便叫一个对该机械没有操作经验的人来代班，而施工现场有时到了非用不可的时候才去招聘相应的操作人员；为了应急，不少施工现场会出现随意叫一个略懂一二但没有接受过专业培训（当然也不具有操作证）的人员来进行机械设备的操作，然后通过某种渠道来应付检查，而对操作人员的实际培训工作却做得不够。还有一些作业人员没有接受过正规培训就上岗或者培训工作做得不够及时，上岗前的三级安全教育工作过于形式化，没有针对性和真实性，千篇一律的现象比较严重。因操作人员的技能不达标，这些都可能造成机械设备的安全风险和机械事故风险。

二、设备的风险识别

基于设备管理的风险要素，设备管理的风险主要存在两个方面，即人的风险和设备的风险。

（一）人的风险

1. 设备管理者的风险

管理责任人，就是在施工现场具体负责设备或租赁施工机械的安全管理的人。建筑施工机械的租赁，出租方可能是建筑公司，也可能是专门的租赁公司或个人。而操作工可能是承租方雇用的，也可能是出租方雇用的。在操作工由出租方提供的情况下，一般约定由于施工机械使用、保养不当造成的事故由出租方负责，承租方也就不会去主动要求操作工做日常维护保养工作，忽视了租赁施工机械的安全管理；而租赁方因施工机械租赁在各个工地，地点分散，很难对操作工进行有效管理，有的私企老板甚至没有安全管理意识，对施工机械的日常维护保养也没有要求。各种现象的存在，使部分施工单位在施工中存在"拼设备"的现象，导致租赁施工机械疲劳运转，存在的问题或隐患得不到及时解决或整改，甚至还会形成部门之间的扯皮，尤其是大型施工机械存在更多的安全隐患。

2. 安装和操作者的风险

（1）安全意识差。目前建筑施工机械租赁市场的操作人员队伍庞杂、人员素质高低不一；维修人员技术力量薄弱，维修保养困难。大型建筑机械是特种设备，其操作人员必须经过特种作业培训才能上岗，但现在一些培训点，为了更快让人员投入使用，操作人员的培训时间、强度、实践都不够。对于租赁的施工机械，操作手和维修人员可能属于两个公司，对施工机械管理的态度不一致，使一些安全隐患加重，因而导致机械事故的发生。

（2）安全基本知识不足。这种情况在建筑行业中最为普遍。我国是一个建筑业大国，从业人数近5000万人，而建筑业员工80%以上由文化程度较低的工人组成，他们大多没有受过良好的安全教育和技能的训练，安全知识普遍缺乏。

（3）明知存在安全隐患仍然作业。这种情况的具体原因可能有四种：一是有些操作人员由于自身素质等原因喜欢冒险蛮干，并且存在侥幸心理等非理智行为；二是受群体的影响，干事不计后果；三是受社会、管理层的压力不得不在不安全的条件下继续工作；四是由于过度疲劳产生的反应能力降低等。

（二）设备的风险

（1）由于建筑施工机械市场不够规范，缺乏市场准入制度，部分设备租赁供应商采购质次价低或二手的建筑机械，在建筑机械租赁、安装（拆卸）专业分包市场上采取低价竞争策略，设备租赁时产生风险。

（2）部分施工单位片面追求低价格租赁，使超龄、性能差、有安全隐患的建筑机械有了市场。这些质次的租赁施工机械的大量存在，导致了施工单位设备管理过程存在风险，主要包括：建筑机械状况在进场前不清楚；对租赁、安装（拆卸）单位专业分包建筑机械管理状况不清楚；建筑机械安装后对安装质量不清楚。施工单位对建筑机械仅仅是使用，无日常检查、安全管理措施。

三、设备的风险应对

（一）建立健全相关管理机构与制度

要切实加强施工项目设备管理的基础工作，完善行之有效的设备管理规章制度，落实到基层工作岗位。各种机械都要严格实行定人、定机、定岗位职责的"三定"制度，把设备的使用、保养、维护等各个环节落实到责任人，做到台台有人管、人人在专责。这样，才有利于设备操作人员的正确操作和安全使用，加强其责任感，减少设备损坏，延长设备的使用寿命，防止设备事故的发生。

（二）完善对作业设备的相关数据统计

施工项目应加强对设备的单机、机组核算，对每台设备应建立核算卡，对租金、燃油、电力消耗、维修费用登记造册，逐一核算，对可变成本和不变成本做到心中有数。

施工过程中，有专人负责记录设备使用数据，建立作业数据库，对运转台班、台时、完成产量、油料、配件消耗等，做好基础资料收集，了解设备完成单位的产量、所需的动力、配件的消耗及其运杂费用的开支情况，按月汇总和对使用效果进行评价、分析，依据项目工程的特点，对机械使用的技术经济指标进行比较，以利于随时调整施工机械用量，减少费用开支。对项目租用的施工设备，随时考察其使用效果并做出评判，及时调整使用方案，以求达到项目成本最低化、效益最大化。

（三）加强对设备的检查与保养

根据项目情况，设置专、兼职机械设备安全人员，负责机械设备的正确使用和安全监督，并定期对机械设备进行检查，消除事故隐患，确保机械设备和操作者的安全。项目部需要结合项目的施工情况，经常开展有针对性的安全专项检查，对施工现场使用的塔式起重机、施工电梯、物料提升机等施工机械设备做好安全防范工作，保证施工机械设备的安全使用。

（四）加强对作用人员的专门培训

对操作使用设备的人员要开展操作技能与操作安全培训，保证操作人员熟悉设备的用途、结构、原理、技术性能、使用要点、维护方法、故障的排除及保养等基本知识，教育设备操作人员正确使用设备、爱护设备。坚持持证上岗的原则，所有设备操作人员应严格按照国家或行业相关要求取得相应的资格证书。

第四节 建筑工程施工项目的环境风险及其应对

一、建筑工程施工项目的环境管理概述

（一）施工环境管理的内涵

在建筑工程施工项目的全寿命周期中，无论是立项选址还是报废拆除都涉及与自然环境、社会环境、经济环境的接触。因此在其全寿命周期中产生环境问题是不可避免的。但是施工阶段作为建筑工程施工项目实现经济目标、工程进度的关键环节，其将消耗大量的资金成本、时间、人力物力等。同时，施工阶段将概念性、抽象性的东西转化为实体的过程，是一项错综复杂的工作，其不仅需要具备施工技术、监理、设计等方面的知识，还需要具备如何在复杂的工作环境中进行成本控制、工期优化以及质量目标的实现。而这些均与自然环境、社会环境、经济环境相挂钩。并且，随着质量、健康、安全及环保整合管理体系的提出，在建筑工程施工项目的建设过程中，注重多目标主体的实现成为一种趋势，同时对于环境的管理也逐渐成为一种衡量建筑施工企业信誉的标准。

（二）环境管理的特点

建筑工程施工项目施工阶段的复杂性决定其在环境管理中具有一些独特的特点，其特点主要有以下几点。

1. 目的性

建筑工程施工项目施工阶段的环境管理的目的除了履行国家所指定的有关环境管理的强制性法律法规外，其控制施工现场的环境所造成的影响问题，还可以美化施工现场的环境，为施工现场的作业人员提供健康的作业环境。同时，加强施工现场的环境管理还可以减少对社会环境的污染和破坏，在实现经济效益、社会效益以及环境效益统一的同时提升施工企业在环境管理方面的能力以及企业整体的信誉，为其在今后的同行业投标竞争占据有利位置，也为其带来长远的经济效益。

2. 整体性

建筑工程施工项目的环境管理是一个由多种环境管理要素所组成的综合性系统、有机的整体，并且施工现场作业人员的活动范围也涉及各个分部分项工程的各个要素。因此在对建筑工程施工项目施工阶段的环境进行管理时候就应该要注意在识别和评价环境管理的影响因素时要综合考虑各个方面可能存在或潜在的影响因素，而不应片面地认识各个影响因素或将其割裂开。比如在分析施工现场控制道路扬尘的问题时，既要认识到道路扬尘会产生粉尘的污染，同时还得注意到在对施工道路进行洒水处理的时候还会导致施工现场污水的产生，从而带来污水的污染环境问题。因此，只有在注重整体性的特点下对建筑工程施工项目施工阶段所造成的环境污染进行一个整体性的研究管理，才可以制定确实可行的防治措施。

3. 长期性

建筑工程施工项目施工阶段在建筑工程全寿命周期的建设过程中所占的时间最多，施工工期相对比较长，从而导致不确定因素也随之增多。所以对于施工阶段的环境管理就不能简单地将环境管理的措施制定的范围只局限于这个阶段。因为在建设的过程中，各个阶段是相互联系的，施工阶段的环境问题将会影响建筑工程完工之后最终建筑产品在投入施工过程中的环境问题，并且由于建筑产品具有不可移动性的特性，使得对其进行管理时应该考虑其长期性的特点。在对其进行环境管理时也必须考虑其在建筑工程施工项目全寿命周期进行污染的防治或者制定全寿命周期的环境管理措施。

4. 随机性

建筑工程施工项目的环境管理具有随机性，无法去明确在何时何地将会产生何种环境污染问题，甚至无法提前确定污染所产生的严重程度。因此，对于存在不确定因素的施工环境，就要求作为施工现场的管理者要具备专业的管理知识，能够在不确定的环境污染问题产生时及时采取应急措施或者组织相关的人员进行及时治理，这也要求施工现场的管理者要具备良好的心理素质和较好的协调管理能力。并且对于施工现场的环境问题，施工现场的工作人员也应该要积极主动地参与，尽可能降低污染所造成的损失。

5. 动态性

建筑工程施工项目的建设过程是处在动态变化的社会环境中的，从而使在不断变化的过程中的施工阶段所产生的环境问题也不是一成不变的，其也随着建筑工程施工项目的建设而不断地发生变化。因此，对建筑工程施工项目的施工阶段的环境管理乃至全寿命周期的环境管理都应该要具备发展的眼光，研究探索在建筑工程施工项目的建设工程中、在不同阶段的建设阶段可能产生的环境问题，探讨诱导其产生的因素或变化的规律，并且分析不同层次、不同时间的环境风险因素的特征，区别其所产生的影响是直接影响还是简直影响、是短期影响还是长期影响、是可逆影响还是不可逆影响等。

6. 超前性

由于建筑工程施工项目的环境风险因素具有不确定性和动态性，使得对其进行环境管理应该要具有预判的能力。虽然在施工过程中，环境污染和破坏问题大部分都是由于人类的因素所造成的，但其与施工活动的开展具有同步性。而这种同步性使得施工现场的环境管理者可以在施工活动开始之前就制定相关的环境管理预防措施。同时为了有效地防止污染问题的产生，也必须在施工活动开展之前对施工现场的员工进行相应的环境管理培训，并加强施工现场的环境管理宣传，使得环境管理的行为深入人心，做到所有的人都具备环境管理的意识，并将其付诸行动。因此，对于建筑工程施工项目的环境管理必须具有超前性，应该在施工活动之前就强化施工项目的现场环境管理意识，只有这样才能真正地做到对建筑工程施工项目施工现场的环境污染或破坏起到防治作用。

7. 多样性

建筑工程施工项目建设过程中所产生的环境风险因素并不是唯一的，其随着建设项目的进行而不断发生变化，而这种变化使得风险因素出现多样性。如在粉刷墙壁的时候有些涂料会产生一些化学气体从而导致给空气带来污染，并且在墙壁粉刷完毕之后对涂料油罐的随意丢弃将会带来固体废弃物的污染，同时涂料还会散发出一些放射性的物质从而引起放射性污染。又如在混凝土的浇筑过程中可能由于浇筑不当或者模板装订缝隙过大导致混凝土渗漏在施工现场，而其堆砌在施工现场的某个角落也将带来固体废弃物的污染，且在对混凝土搅拌车的清洗时还将带来一定的废水，从而对施工现场及周围环境造成废水污染。因此，在施工阶段对于不同分部分项工程的施工都会有不同类型的环境风险因素的出现，而不同的环境风险因素将对环境产生不同的影响，使得施工阶段的环境管理的手段具有多样性。

二、建筑工程施工项目的环境风险因素

（一）环境风险因素的识别

1.环境风险因素识别的方法

根据建筑工程施工项目的特点，其环境风险因素的识别方法主要有以下两种：一种是利用环境风险因素识别表进行；另一种是建筑工程施工项目污染物的排放对环境要素的影响而逐一进行分析的方法。其中，环境风险因素识别表是专门根据对施工现场的环境风险因素的识别而进行设计的表格。在表格上，设计了建筑工程施工项目在施工建设过程中可能产生的各种对施工环境所造成的风险因素。在识别的过程中则是逐一对表格中所列举的所有环境风险因素进行询问，判断其是否会对建筑工程施工项目的开发与建设造成影响。同时，在逐一识别之后需要对可能产生的风险因素进行详细的分析，找出对建筑工程施工项目可能带来负面影响的主要环境风险因素和次要的环境风险因素。而建筑工程施工项目污染物的排放对环境要素的影响而逐一进行分析的方法主要是明确污染物排放的根源，从源头上控制环境风险因素的产生，从而做到防患于未然。

2.环境风险因素识别的过程

建筑工程施工项目环境风险因素识别的步骤主要从两个方面进行，其一是分析建筑工程施工项目全寿命周期各个阶段的所有施工活动或者施工过程。而要分析在施工阶段由于施工活动可能与施工环境所发生相互作用的环境风险，就必须要对施工阶段所从事的各分部分项工程所涉及的全部施工活动或者施工过程进行详细的分解，从而有利于进一步深入地分析在各个过程中可能与环境发生相互作用的风险因素主要有哪些、环境风险因素的范围，并且编制建筑工程施工项目环境风险因素清单。其二是对所可能产生的环境风险因素进行分类。错综复杂的施工活动会导致多种多样的环境风险因素，

而不同的环境风险因素在不同的环境条件下将对施工环境产生不同的影响作用。因此在对建筑工程施工项目的环境风险因素进行识别的时候不仅要清晰地识别出在建筑工程施工项目开发与建设过程中，尤其是施工阶段可能存在的环境风险因素，还必须对这些可能存在的环境风险因素进行分类，从而有利于对建筑工程施工项目的环境风险因素的性质能够更好地掌握，便于进行分析和评价研究。一般来说，建筑工程施工项目的环境风险主要包括大气排放、放射性物质污染、水体排放、固体废弃物、噪声污染、原材料及自然资源的使用等。

（二）具体的环境风险因素

1. 空气污染

空气污染是指由于人类的生产或生活活动向大气中排放一些有害物质，从而导致大气中有害物质的数量和浓度远远超过大气环境所允许的范围，并且由此引起空气质量的下降，并给人类的健康生活以及生态环境的平衡带来直接或者间接的不良影响。建筑工程施工项目施工阶段最为主要的污染源为施工现场的扬尘。施工现场的扬尘主要来自以下几个方面：施工现场的土方挖掘、土方运输、施工所用材料的运输以及二次搬运等；清理施工现场操作以及员工的生活所产生的垃圾，如处理施工所需材料的包装袋；施工现场运输车辆工作时所造成的施工现场的道路扬尘，如水泥搅拌车进出施工现场所产生砂石尘土。

另外，施工现场空气污染源还有来自运输车辆工作时所排出的尾气，施工现场所使用的施工机械工作时所排出的废气，如推土机、起重机、发电机、挖土机等大多数属于燃油发动机，其工作时燃料的不充分燃烧所排出的废气也是空气污染的来源之一。除此之外，还有来自施工现场所使用的涂料、油漆、沥青等所挥发出的有机物质等也将对空气造成污染。

2. 废水污染

水是建筑工程施工项目施工过程中所需的重要资源，如水泥的搅拌、混凝土的搅拌、混凝土的养护、瓷砖的清洗、水泥搅拌车的清洗、施工现场工作人员的生活需要等方面都将消耗水资源，而这些过程也同时伴随着废水的排放。但是，在许多施工现场经常可以发现，对于以上所产生的废水并没有进行科学的处理，施工现场并没有废水处理池，而是任意排放。同时，许多施工单位为了眼前的经济利益，并没有聘请专业的环境管理者对施工现场的环境进行科学管理，也没有制定相应的废水处理措施。这些废水在施工现场泛滥的同时也流入城市的下水道，从而不仅造成施工现场的环境遭到破坏，也使得城市地下水受到污染，甚至废水夹杂的颗粒造成城市地下管网的堵塞。

3. 噪声污染

噪声是造成施工现场环境污染最为严重的问题之一，然而在建筑工程施工项目的建设过程中，噪声污染却又在所难免。在建筑工程施工项目的建设过程中可能产生的噪声污染主要来自以下几个方面：一是机械设备工作时所产生的声音，如推土机、挖掘机、打桩机、混凝土搅拌机、振捣棒、吊车、升降机等施工时所带来超过人体所能承受的声音，从而对施工现场的员工以及周围居民的正常生活造成影响；二是施工机械工作时与其他物体相互作用所产生的声音，如打桩机在打桩时与地面撞击所产生的噪声、切割机在切割钢筋时所产生的摩擦以及打磨机在与打磨地面时产生的摩擦等都将产生超过130分贝的噪声功率级，这些噪声持续的时间较长，对施工人员或周围居民的影响较为严重；三是材料搬运过程中抛掷所产生的声音，如脚手架、钢筋、木板、棚架等由于重量较大，在搬运的过程中经常会出现从高空往下抛的现象，而这种行为也经常伴随着尖锐的响声；四是施工现场工作人员的对话、喧哗等所造成的声音。

4. 固体废弃物污染

固体废弃物所包含的范围比较广泛，其既包括生产、生活中因使用完毕而丧失价值的固体、半固体的物质，也包括未完全丧失使用价值却被丢弃或者法律法规中所明确规定的固体废弃物的物品种类。在建筑工程施工项目的建设过程中所包含的固体废弃物主要是被废弃的原材料、原材料的外包装、建筑场地内的垃圾以及从废水中所分离出来的固体颗粒等。

按照建筑工程施工项目所产生的固体废弃物的来源，可以将其分为建筑工程施工项目拆除的固体废弃物以及建筑物施工过程中所产生的废弃材料。其中建筑工程施工项目拆除的固体废弃物主要有拆除原有的建筑物、拆卸建筑施工场地临时的建筑物和警示牌等所带来的剩余废弃物；而建筑物施工过程中所产生的废弃材料主要有混凝土块、废弃的装饰材料、废弃的材料外包装、废弃的钢材、碎砖块、碎石、水泥等。

三、建筑工程施工项目的环境风险应对

（一）空气污染的环境风险应对措施

建筑工程施工项目施工阶段的空气污染防治措施相对比较多，在工程的施工过程中采取的防治空气污染的措施主要有以下几个方面。

（1）在基坑开挖时对于比较干燥的地面要事先对工作面和挖出的土进行喷洒，让其保持潮湿的状态。同时，对于被挖出的土壤应该要及时地运出施工场地，避免由于长期的堆放或由于大风天气而引起施工现场的沙尘现象严重。

（2）运输车辆在运送废土或者施工所用的砂石的时候要注意不要装载过满，并且在运输过程中要采取一定的措施，防止在运输的过程中由于道路的原因使运输物撒在道路上，甚至在城市主要交通要道出现抛洒的现象。同时，对于运输的道路要进行喷洒，以免车辆的来回碾压而出现道路粉尘增多。而对散落在道路上的废土、砂石等也要及时地加以清理。

（3）对于施工过程中所需要的建筑材料要进行合理的管理，对于容易产生粉尘的材料，比如砂石、水泥等应该要进行统一的堆放及管理，尽量减少二次搬运或者减少二次搬运的距离。同时对于不得不进行二次搬运的建筑材料，施工人员也一定要注意做到轻放，以免出现高空的抛掷而产生粉尘。

（4）对于施工过程中所使用的含有化学物质的液体材料，如涂料、油漆、沥青等在使用完毕之后一定要注意进行统一回收处理，特别是对那些没有使用完毕就被丢弃的装修材料更要加以注意，其含的化学物质挥发时将对空气造成污染，甚至影响施工人员以及周围居民的身体健康。

（5）在建筑工程施工项目动工之前应该要事先设置围栏，这样可以减少施工场地的粉尘由于大风的原因而肆意扩散，降低对周围环境的影响。在施工过程中如果出现大风天气时，施工现场的环境管理者还得时刻提醒施工作业人员对现场可能产生扬尘的材料进行遮盖，同时对施工现场的道路及面积较大却空旷的场地进行喷水。

（二）废水污染的环境风险应对措施

建筑工程施工项目建设过程中所需要的生产用水以及生活用水都是废水产生的来源，因此控制施工现场的废水污染的措施就是要对生产废水以及生活污水进行控制处理。建筑工程施工项目的废水污染防治措施主要有以下几个方面。

（1）建筑工程施工项目施工现场的废水处理工作是在施工之前就必须修筑下水道，并保证下水道通畅。同时下水道的设置要通过主要的废水排放地点，避免废水的排放因没有及时流入下水道而造成污染。

（2）施工过程中需要对施工的材料进行清洗、对混凝土进行养护，混凝土的搅拌、施工机械的清洗、混凝土搅拌车的清洗等都会带来污水，对于这些污水的处理要采取统一的管理。对于混凝土搅拌车以及施工机械的清洗如果施工场地不允许的话要尽可能在施工场地外进行清洗，同时清洗的地方要有下水管道。并且一定要告知施工人员将清洗施工材料剩余的废水倾倒到指定的地方。

（3）施工现场员工的生活污水也是施工现场废水污染的主要来源。在施工现场，施工员工的居住区一定要设置排水管道，可以及时地将员工生活污水排放到污水处理池或指定的处理厂。除此之外，还涉及施工现场员工的洗澡、洗手等用水，这些污水对施工现场的影响也相当严重，也必须保证下水道的畅通并定期进行清理和检查，以确保员工的生活环境卫生条件满足要求。

（三）噪声污染的环境风险应对措施

施工现场的噪声对员工和周围居民的影响往往是最为明显的，也是最为容易感知到的，因此必须严格控制施工现场的噪声污染，主要的控制措施有以下几种。

（1）合理安排好施工程序，尽可能地避免夜间施工，尤其要避免在夜间进行需要大型机械施工的项目，如进行打桩作业。同时，在施工过程中要对施工人员进行培训，让其清楚有关对噪声分贝的范围的规定，并要求其严格执行。

（2）施工现场所使用的运输车辆不要随意地鸣笛，并尽可能安排建筑材料的运输在白天进行。而对于混凝土搅拌车，如果非得在夜间施工的话，一定要注意控制鸣笛。

（3）施工现场员工的居住区如果靠近居民区的话也要告知员工不要大声喧哗，以免影响周围的居民。

（四）固体废弃物污染的环境风险应对措施

（1）施工现场作业时散落的施工材料要及时进行清理，并统一堆放在指定的地点。对于可以回收的材料也要及时进行回收，避免资源浪费。

（2）施工现场所使用的施工材料的包装袋严禁随意丢弃，应该做到当天完成的工程所使用的施工材料的包装袋在施工完毕之后都进行回收，并要求施工现场的环境管理者在每次完工之前都进行检查。

（3）施工现场员工的生活垃圾也是固体废弃物的重要来源，一定要告知员工要加强生活区环境的保护，配置垃圾箱，回收并处理生活垃圾。

（4）对于施工现场的垃圾一定要及时进行清运，运送到指定的垃圾处理厂进行处理，不能在施工现场堆放太长时间，以免发生腐烂。同时对于可以回收的垃圾也要进行归类或进行专门的收集。

参考文献

[1] 殷焕武，周中华 . 项目管理导论 [M]. 北京：机械工业出版社，2010.

[2] 谢非 . 风险管理原理与方法 [M]. 重庆：重庆大学出版社，2013.

[3] 危道军 . 工程项目管理 [M]. 3 版 . 武汉：武汉理工大学出版社，2014.

[4] 邱菀华 . 现代项目管理学 [M]. 3 版 . 北京：科学出版社，2013.

[5] 陈伟珂 . 工程项目风险管理 [M]. 2 版 . 北京：人民交通出版社，2015.

[6] 住房和城乡建设部工程质量安全监管司 . 建筑施工安全事故案例分析 [M]. 北京：中国建筑工业出版社，2010.

[7] 陈津生 . 建设工程保险实务与风险管理 [M]. 北京：中国建材工业出版社，2008.

[8] 雷胜强 . 国际工程风险管理与保险 [M]. 3 版 . 北京：中国建筑工业出版社，2012.

[9] 林文学 . 建设工程合同纠纷司法实务研究 [M]. 北京：法律出版社，2014.

[10] 建设工程施工合同（示范文本）GF—2017—0201 使用指南（2017 版）编委会 . 建设工程施工合同（示范文本）GF—2017—0201 使用指南（2017 版）[M]. 北京：中国建筑工业出版社，2018.

[11] 张庆华 . 建设工程施工合同纠纷预防与处理（最新修订版）[M]. 北京：法律出版社，2017.

[12] 蓝仑山 . 建设工程施工合同法律实务 [M]. 北京：法律出版社，2010.

[13] 黄宏伟，陈龙，胡群芳，等 . 隧道及地下工程的全寿命风险管理 [M]. 北京：科学出版社，2010.

[14] 胡宝清 . 模糊理论基础 [M]. 2 版 . 武汉：武汉大学出版社，2010.

[15] 姜晨光 . 基坑工程理论与实践 [M]. 北京：化学工业出版社，2009.

［16］张建国.建筑施工的环境影响分析［J］.中国住宅设施，2009（4）.

［17］于春红.建筑施工企业如何规避风险［J］.新疆有色金属，2011（6）.

［18］冯宇腾.探析建筑施工中风险辨识及防控方法［J］.现代装饰（理论），2011（3）.

［19］郭向明，竺百川.我国建筑施工项目风险管理探析［J］.价值工程，2011（9）.

［20］周建东.建筑工程施工项目的风险管理探析［J］.建筑工程技术与设计，2014（7）.

［21］章迁.议国际工程建筑项目风险分析与控制［J］.山西建筑，2015(19).

［22］李强.浅析我国工程保险险种及选择模式［J］.现代经济信息，2011（5）.

［23］樊飞.隧道工程施工过程的概述［J］.科学之友，2010（19）.

［24］孙志军，吕振绘，王义海.地下工程的事故分类及防治措施［J］.建筑设计管理，2009（5）.

［25］刘腾飞，鹿中山.深基坑工程风险识别与模糊综合评价［J］.工程与建设，2013（1）.

［26］王要武，吴宇迪，薛维锐.基于新兴信息技术的智慧施工理论体系构建［J］.科技进步与对策，2013（23）.

［27］张建平.基于 BIM 和 4D 技术的建筑施工优化及动态管理［J］.中国建设信息，2010（2）.